环境射频辐射与健康

主　编　丁桂荣　谢学军　郭国祯
副主编　马亚红　周　艳　李康樗

U0338386

海洋出版社

2015 年 · 北京

图书在版编目（CIP）数据

环境射频辐射与健康／丁桂荣，谢学军，郭国祯主编 . —北京：海洋出版社，
2015. 4

ISBN 978 - 7 - 5027 - 9070 - 7

Ⅰ . ①环…　Ⅱ . ①丁… ②谢… ③郭…　Ⅲ . ①辐射防护　Ⅳ . ①TL7

中国版本图书馆 CIP 数据核字（2015）第 001190 号

责任编辑：杨海萍　张　欣
责任印制：赵麟苏

海洋出版社　出版发行

http：//www. oceanpress. com. cn
北京市海淀区大慧寺路 8 号　邮编：100081
北京博艺印刷包装有限公司印刷　新华书店发行所经销
2015 年 4 月第 1 版　2015 年 4 月北京第 1 次印刷
开本：787mm×1092mm　1/16　印张：10. 5
字数：166 千字　定价：56. 00 元
发行部：62132549　邮购部：68038093　总编室：62114335
海洋版图书印、装错误可随时退换

《环境射频辐射与健康》编者名单

主　编　丁桂荣　谢学军　郭国祯

副主编　马亚红　周　艳　李康樗

编　者(以姓氏笔画为序)

王　峰　安广洲　李　静　杜　乐　陈永斌

张　敏　苗　霞　周晓华　郎海洋　赵　涛

徐胜龙　郭　娟　高　鹏　秦国富

前　言

　　电磁辐射是人类素未谋面却又常常打交道的"朋友"，正如人们一直生活在空气中而眼睛却看不见空气一样，无处不在的电磁辐射虽然人们感觉不到（可见光除外），却与人类密切相关，特别是在如今这个高科技时代，更是如此。电脑及网络的发展让我们实现了与全世界面对面的沟通和信息共享；有线、无线通讯让人与人之间的距离缩减为零；家用电器（如电视机、收音机、冰箱、微波炉、电磁炉等）成为日常生活中不可缺少的一部分；高新技术的医疗设备（如核磁共振、射频治疗仪等）也为医生的准确诊断和有效治疗提供了有力的保障。

　　然而，高新科技在给人们带来诸多便利的同时，也带来了一些烦恼和忧虑。特别是随着电工和电子科技的飞速发展，电磁技术在各个领域的应用越来越广泛，导致环境中电磁辐射日益增强。这些电磁辐射对人体的健康究竟有没有影响？又有哪些影响？这些问题始终受到人们的广泛关注，并越来越成为研究的热点。

　　电磁场与生命活动有着十分紧密的联系。一方面，许多生命活动都伴随着电磁场的产生，这些电磁信号中包含着生命活动的重要信息，是多种生理、生化现象的独特表征。探测并研究这些信息，可以更深刻地了解生命活动的本质；另一方面，在生命的起源和进化过程中总是伴随着地磁场和大量的电磁辐射（雷电、宇宙射线等）的存在，生物机体的各个层面必然烙下地磁环境和电磁辐射的痕迹。电磁辐射的生物学效应和对人类健康影响的研究，关系到电磁辐射的科学应用，使人们能够做到趋利避害，让电磁辐射更好地服务于人类。

　　为此，本书围绕公众关心的核心问题，选取与公众关系最为密切的通信频段电磁辐射对健康的影响进行系统的综合介绍。第一章首先介绍电磁辐射基础知识，第二章和第三章分别介绍了生物组织的电磁特性和电磁辐射生物效应的作用机制，第四章和第五章分别从流行病学研究和实验研究方面介绍了射频辐射的生物学效应，最后，第六章介绍了射频辐射的防护策略。

　　希望本书的出版能对从事电磁生物学研究的科技工作者和有关大专院校相关专业的师生有所帮助，对公众也具有一定的科学普及作用。由于编者学识有限，书中难免会有一些疏漏和不妥之处，恳请读者批评指正。

编者

2015 年 1 月

目　录

第1章 基础知识介绍

1.1 电磁辐射概述

随着社会经济的发展，电磁辐射在人们日常生活和工作中的应用日益广泛，人类暴露于电磁辐射的强度、时间和复杂性也与日俱增，电磁辐射已经成为威胁人类健康的重要环境物理因素之一。

从科学的角度来说，电磁辐射是一种能量传播的过程，其本质是电磁场的一种运动形态。电可以生磁，磁也能生电，变化的电场和变化的磁场构成了一个不可分离的统一场，即电磁场，而变化的电磁场在空间的传播形成了电磁波。

电磁场与生命活动有着十分紧密的联系。一方面，许多生命活动都伴随着电磁场的产生，这些电磁信号中包含着生命活动的重要信息，是多种生理、生化现象的独特表征。探测并研究这些信息，可以更深刻地了解生命活动的本质；另一方面，在生命的起源和进化过程中总是伴随着地磁场和大量的电磁辐射（雷电、宇宙射线等）的存在，生物机体的各个层面必然烙下地磁环境和电磁辐射的痕迹。特别是随着电子科技的飞速发展，电磁技术在各个领域的应用越来越广泛，导致环境中电磁场日益增强。这些电磁场对人体健康的影响问题一直受到人们的广泛关注，相关领域已成为研究热点。外加电磁场对生物体影响的研究成果，能够帮助人们趋利避害，更好地造福于人类。

为了从科学的角度深入了解和认识电磁辐射，在本章中我们将一些电磁辐射相关的基础知识进行了梳理。

1.1.1 相关专业术语

辐射：指的是能量以电磁波或粒子（如 α 粒子、β 粒子等）的形式向外扩散。自然界中的一切物体，只要温度在绝对温度（国际单位制的 7 个基本量之一，热力学温标的标度，符号为 T）零度以上，都以电磁波和粒子的形式时刻不停地向外传送热量，这种传送能量的方式称为辐射。辐射是不需要介质参与而传递能量的一种现象。根据辐射性质的不同，可将辐射分为电磁辐射和粒子辐射；根据作用原理的不同，又可将辐射分为电离辐射和非电离辐射。

电磁辐射：指能量以电磁波的形式通过空间传播的现象。其本质是以互相垂直的电场和磁场，随时间变化而交变振荡，形成向前运动的电磁波。电磁辐射能量取决于其波长。具有电离作用的是短波长的较高能量的电磁波，如 X 射线、γ 射线等。电磁辐射可按其波长、频率排列成若干频率段，形成电磁波谱。

粒子辐射：是高能粒子的辐射；可以是带电粒子，如 α 粒子、β 粒子、质子、π 介子和各种重粒子；也可以是电中性粒子，如中子。粒子辐射的能量主要是动能，高能粒子会引起物质的电离。

电离辐射：引起被作用物电离的高能辐射。一些高能电磁波，如 X 射线、γ 射线和几乎所有的粒子辐射，能直接或间接地作用于物质的轨道电子，使其获得能量后成为自由电子。

非电离辐射：能量较电离辐射弱。非电离辐射不会引起物质直接或间接的电离，只会改变分子或原子的旋转、振动及电子能级状态。

非热效应：电磁场产生的与热无关的生物学效应。

介电常数：又称电容率或相对电容率，表征电介质或绝缘材料电性能的一个重要数据，用 ε 表示。它是指在同一电容器中用某一物质为电介质和真空时的电容的比值，表示电介质在电场中贮存静电能的相对能力。

剂量测定：通过衡量或计算确定暴露在电磁场的人或动物的内部电场强度或感应电流、比吸收能或比吸收能率分布。

电场：传递电荷与电荷间相互作用的物理场。电荷周围总有电场存在，同时电场对场中其他电荷又有力的作用，通俗的说，有电压存在就会产生电场，电压越大，产生的电场越大。

磁场：磁场是传递运动电荷（电流）之间相互作用的物理场，由运动电荷（电流）产生，同时对场中其他运动电荷（电流）又有力的作用。通俗的说，有电流通过就会产生磁场，电流越大，产生的磁场越强。

电磁场：随时间变化的电场产生磁场，随时间变化的磁场产生电场，两者互为因果，形成电磁场。电磁场可由变速运动的带电粒子引起，也可由强弱变化的电流引起，不论原因如何，电磁场总是以光速向四周传播，形成电磁波。电磁场是电磁作用的媒介，具有能量和动量，是物质存在的一种形式。电磁场的性质、特征及其运动变化规律由麦克斯韦方程组确定。

近场：一般而言，以场源为中心，在三个波长范围内的区域即近场区。该区域能量在辐射源周围空间及辐射源之间周期性地来回流动，不向外发射。

远场：以场源为中心，半径为三个波长之外的空间范围。该区域电磁场能量脱离辐射体，以电磁波的形式向外发射。

频率：一秒钟内电磁波完成的正弦循环数量，单位：赫兹（Hz）。

波长：周期波传播方向上，振动相位相同的两个连续点之间的距离。

波阻抗：代表某一点横向电场复数（矢量）和代表该点横向磁场的复数之间的比率，单位：欧姆（Ω）。

平面波：一种电磁波，在这种电磁波中，电场和磁场矢量位于与波的传播方向相垂直的平面，而且磁场强度乘以空间的阻抗和电场强度相同。

电磁能量：储存在电磁场中的能量，单位：焦耳（J）。

功率强度：在无线电波传播中，经过垂直于波传播方向单位面积的能量，单位：瓦特/平方米（$W \cdot m^{-2}$）。

电场强度：电场中的某一点上对静态单位正电荷的力量，表示电场强弱和方向的物理量，电场强度用 E 表示，单位：伏特/米（$V \cdot m^{-1}$）。

磁场强度：一种轴向矢量数量，它和磁通密度结合在一起确定了空间中任何点的磁场，单位：安培/米（$A \cdot m^{-1}$）。

磁通密度：即磁感应强度，表示垂直穿过单位面积磁力线的多少。单位：特斯拉（T）。

磁导率：表征磁介质磁性的物理量。表示在空间或在磁芯空间中的线圈流过电流后、产生磁通的阻力，或者是其在磁场中导通磁力线的能力。将其与磁场强度相乘即可得磁通密度。单位：亨利/米（$H \cdot m^{-1}$）。

特低频：低于 300 Hz 的频率。

射频：适用于通信的电磁辐射的任何频率。本书中，射频是指 300 kHz ~ 300 GHz 的频率。

微波：波长足够短，因而可以将波导和相关谐振腔技术应用在波的发射和接收的电磁放射物。一般用来表示频率范围在 300 MHz ~ 300 GHz 之间的放射物或电磁场。

谐振：电磁波的频率接近或等于介质的自然频率发生的振幅变化。谐振频率附近全身对电磁波的吸收具有最高值，即谐振频率大约为 114/L，L 是个体以米为单位的高度。

职业暴露：个人在从事工作过程中所受到的所有电场、磁场和电磁场（EMF）照射。

公众暴露：普通大众所受的全部电场、磁场和电磁场照射，不包括在工作中和医疗过程中受到的照射。

比吸收能：每单位质量生物组织吸收的能量，比吸收能是比吸收能率对时间积分，单位：焦耳/千克（$J \cdot kg^{-1}$）。

比吸收率（SAR）：每公斤生物组织吸收的电磁辐射能量，SAR 值越大表明被组织吸收的能量越多。SAR 是一个广泛应用于频率高于 100 kHz 的电磁波的剂量测定指标，单位：瓦/千克（$W \cdot kg^{-1}$）。

1.1.2　电磁现象

在认识和利用电磁现象之前，人类就生活在自然界产生的电磁场之中，包括地球自身产生的大地电场、大地磁场、大地与云层之间和云层之间由于闪电产生的雷电电磁场、来自太阳和其他星球的电磁场等。尽管人类很早就注意到了自然界的电磁现象，但直到 18 世纪才开始对电磁现象进行规律的探索。19 世纪，基于对电磁现象的实验研究和理论研究取得的成果，人类基本掌握了电磁现象的物理本质和运动规律，并利用这些知识服务于人类社会。

1831 年，法拉第发现了电磁感应定律，1865 年，麦克斯韦建立了著名的麦克斯韦电磁场方程组，随着这些电磁场理论的诞生，人类对电磁现象的认识和利用达到了前所未有的高度。此后，人类相继发明了发电机、变压器、电动机、电灯、电力网、电报、无线电广播、雷达等人造电磁系统，迎来了人类历史上电气装置的大规模应用，使人类社会从蒸汽时代进入到电气时代。

1.1.3　电磁辐射来源

基于大规模集成电路和微电子技术的进步，计算机技术、光纤通信技术和互联网技术取得飞速发展，人类社会从电气时代跨入信息时代。随着这一时代的到来，人们正在被智能化的电子产品"掌控"。从物质层面上讲，这是社会的进步表现，从精神层面上讲，也正在加速陷入这个社会进步所带来的对"电磁辐射"的精神恐惧中。

移动电话、计算机、平板终端、游戏机、微波炉、电磁炉等电器进入家庭生活，同时也将复杂的电磁辐射带到了我们的身边。科学研究表明，家用电器和电子设备在使用过程中都会产生各种不同频率和强度的电磁辐射，这些电磁辐射充斥人们工作与生活的空间，潜在地危害着人类健康，对其生存环境构成新的威胁。比如，在医院使用手机会干扰医院心电监护仪、血液透析机、自动注射仪以及心脏起搏器等医疗仪器的正常运转，造成使病人生命垂危的险情；在加油站使用手机会干扰计数系统的工作或者诱发火灾。由于电磁辐射污染日益严重，因此被联合国人类环境会议确定为必须抑制的公害之一。

1.1.4　电磁频谱的划分

我国对无线电频谱划分为下面表中的 14 个频带（表 1 - 1），无线电频率以赫兹（Hz）为单位，其表达方式为：

——3 000 kHz 以下（包括 3 000 kHz），以千赫兹（kHz）表示；

——3 MHz 以上至 3 000 MHz（包括 3 000 MHz），以兆赫兹（MHz）表示；

——3 GHz 以上至 3 000 GHz（包括 3 000 GHz），以吉赫兹（GHz）表示。

可以看出，我们所谈论的"辐射"中仅在无线电频段就有 14 个对应频带。电磁辐射是广泛的概念。为了理清射频辐射，我们对我国电磁频谱划分中相应频率范围的电磁波用途进行简要的介绍（表1-2）。

表1-1　我国电磁频谱划分

带号	频带名称	频率范围	波段名称	波长范围
-1	至低频（TLF）	0.03 ~ 0.3 Hz	至长或千兆米波	10 000 ~ 1 000 兆米（Mm）
0	至低频（TLF）	0.3 ~ 3 Hz	至长或百兆米波	1 000 ~ 100 兆米（Mm）
1	极低频（ELF）	3 ~ 30 Hz	极长波	100 ~ 10 兆米（Mm）
2	超低频（SLF）	30 ~ 300 Hz	超长波	10 ~ 1 兆米（Mm）
3	特低频（ULF）	300 ~ 3 000 Hz	特长波	1 000 ~ 100 千米（km）
4	甚低频（VLF）	3 ~ 30 kHz	甚长波	100 ~ 10 千米（km）
5	低频（LF）	30 ~ 300 kHz	长波	10 ~ 1 千米（km）
6	中频（MF）	300 ~ 3 000 kHz	中波	1 000 ~ 100 米（m）
7	高频（HF）	3 ~ 30 MHz	短波	100 ~ 10 米（m）
8	甚高频（VHF）	30 ~ 300 MHz	米波	10 ~ 1 米（m）
9	特高频（UHF）	300 ~ 3 000 MHz	分米波	10 ~ 1 分米（dm）
10	超高频（SHF）	3 ~ 30 GHz	厘米波	10 ~ 1 厘米（cm）
11	极高频（EHF）	30 ~ 300 GHz	毫米波	10 ~ 1 毫米（mm）
12	至高频（THF）	300 ~ 3 000 GHz	丝米或亚毫米波	10 ~ 1 丝米（dmm）

注：频率范围（波长范围亦类似）均含上限、不含下限；相应名词仅作简化称呼参考。

注1："频带N"（N = 带号）从 0.3×10^N Hz 至 3×10^N Hz。

注2：词头：k = 千（10^3），M = 兆（10^6），G = 吉（10^9）。

表1-2　常见电磁频段的用途

频率范围	波长	符号	传输媒介	用途
3 Hz ~ 30 kHz	$10^8 ~ 10^4$ m	VLF（甚低频）	有线线对 长波无线电	音频、电话、导航、 数据终端
30 Hz ~ 300 kHz	$10^4 ~ 10^3$ m	LF（低频）	有线线对 长波无线电	导航、电力线通信
300 kHz ~ 3 MHz	$10^3 ~ 10^2$ m	MF（中频）	同轴电缆 中波无线电	调幅广播、业余无线电

续表

频率范围	波长	符号	传输媒介	用途
3 MHz～30 MHz	10^2～10 m	HF（高频）	同轴电缆 短波无线电	军用通信、业余无线电、 无线电话、短波广播
30 MHz～300 MHz	10～1 m	VHF（甚高频）	同轴电缆 短波无线电	电视、调频广播、空中 管制、车辆通信、导航
300 MHz～3 GHz	100～10 cm	UHF（特高频）	波导 分米波无线电	电视、空间遥测、雷达 导航、移动通信
3 GHz～30 GHz	10～1 cm	SHF（超高频）	波导 厘米波无线电	微波接力、卫星通信、 雷达
30 GHz～300 GHz	10～1 mm	EHF（极高频）	波导 毫米波无线电	雷达、微波接力、 射电天文学

1.2　移动通信电磁辐射

移动通信是泛指以手机、无线终端电子设备为主的移动状态下的信息互动。

1.2.1　移动通信的原理及系统组成

移动通信是移动体之间的通信，或移动体与固定体之间的通信。移动体可以是人，也可以是汽车、火车、轮船、收音机等在移动状态中的物体。即通信双方有一方或两方处于运动中的通信，包括陆、海、空移动通信。采用的频段遍及低频、中频、高频、甚高频和特高频。移动通信系统由移动台、基台、移动交换局组成。若要同某移动台通信，移动交换局通过各基台向全网发出呼叫，被叫台收到后发出应答信号，移动交换局收到应答后分配一个信道给该移动台并从此话路信道中传送一信令使其振铃。

1.2.2　移动通信的特点

（1）移动性

即保持物体在移动状态中的通信，因此，必须是无线通信，或无线通信与有线通信的结合。

（2）电磁波传播条件复杂

因移动体可能在各种环境中运动，电磁波在传播时会产生反射、折射、绕射、多普勒效应等现象，产生多径干扰、信号传播延迟和展宽等效应。

（3）噪声和干扰严重

在城市环境中的各种生活和工业噪声，移动用户之间的互调干扰、邻道干扰、同频干扰等。

（4）系统和网络结构复杂

移动通信是多用户通信系统和网络，必须使用户之间互不干扰，能协调一致地工作。此外，移动通信系统还应与市话网、卫星通信网、数据网等互连，整个网络结构复杂。

（5）频带利用率高、设备性能好

由于移动通信的特点，当今信息时代，在高效率的生产和活动中，移动通信为人们更有效地利用时间提供了可能，也使之迅速发展。

1.2.3　移动通信系统工作方式

移动通信系统由移动通信交换局（MTX）、基地站（BS）、移动台（MS）及局间和局站间的中继线组成，是一个有线、无线相结合的综合通信系统。移动台与基地站、移动台与移动台之间采用无线传输方式，基地站与移动通信交换局，移动通信交换局与地面网之间则一般以有线方式进行信息传输。移动通信交换局与基地站担负信息的交换和接续以及对无线频道的控制等。基站与移动台都设有收发信机，收发信共用装置（双工器或多工器）和天线、馈线等。每一个基站都有一个由发信功率与天线高度所确定的地理覆盖范围，称为（基台）覆盖区，由多个覆盖区组成全系统的服务区。利用该通信系统，在装有移动台的载体上，人们与通信对象进行移动通信。

移动通信电磁辐射是针对移动通信基站及移动终端设备两部分而言的，这也是人们关注的手机辐射的两个组成部分。

1.2.4 移动通信电磁辐射

1.2.4.1 基站

移动通信事业的发展日新月异，用户规模飞速扩张。为了保障移动通信的顺畅和实现无缝隙覆盖，电信运营商需要在通话需求量较大的写字楼、居民区增建移动通信基站。

移动通信的基站由室内、室外两部分组成。室内部分包括：基站控制器、电源、收发射机、功率放大器、合路器、耦合器、双工器及馈线等设备。在设计、制造上述设备时已采取屏蔽措施，故不会对周边环境产生电磁波漏泄。室外部分包括：馈线和收、发射天线等装置组成。发射天线是基站辐射的主要设备，也是移动通信基站产生电磁辐射的主要部件。

运行中的基站发射天线向周围发射电磁波，使天线周围环境电磁功率密度增高，这就是人们争议颇多的移动通信辐射之一——基站辐射。基站辐射，指移动通讯基站设施产生的辐射。移动通讯系统中，空间无线信号的发射和接收都是依靠移动基站发射天线来实现，在传输信号时，发射塔发射天线有一定强度的电磁辐射量。

（1）基站天线

基站天线：按辐射方向划分：全向天线、定向天线；按极化方式划分：垂直极化天线、交叉极化天线；按外形划分：鞭状天线、平板天线、帽形天线等。

基站天线的电气性能主要有：工作频段、增益、极化方式、波瓣宽度、预置倾角、下倾方式、下倾角调整范围、前后抑制比、副瓣抑制、零点填充、回波损耗、功率容量、阻抗等。其电气性能的特性参数决定了电磁辐射能力。

一般基站具有三个扇区，每个扇区会向某一方向发射，覆盖一定的范围。通常情况下，其中一扇区天线对准正北方向，覆盖范围为 120°，另外一扇区对准东南方向，覆盖范围为 120°，还有一扇区对准西南方向，覆盖范围为 120°，这样三个扇区可进行 360° 全覆盖。实现全向辐射，确保移动用户在任何位置进行移动通信。

一个扇区有一副或多副天线，天线在发射信号的同时也接收来自手机传输信号。天线越多，辐射功率总和越大。但辐射功率总和也与天线特有的电气性能参数有关。

基站辐射中天线与人体健康相关的电气性能指标有工作频段、极化方式、波瓣宽度和功率容量等。在不同的实验室研究中发现，电气性能参数指标的变化会产生不同的生物效应。

（2）GSM 通信基站发射功率的计算

现在的 GSM 基站是采用频分复用和时分复用的方式工作，以此提高基站的容量，一般情况下，发射功率通常为 15 W 到 20 W 左右。

在市区，由于话务量较大，而且要支持手机上网等业务，市区大多数基站一般每一个扇区配置 6 个频率，若是 3 个扇区，其配置频率为 $6 \times 3 = 18$ 个以上。若 18 个频率同时工作，它的辐射功率为 18×15 W $= 270$ W 以上；即配置频率越多，发射功率越大。普通手机辐射功率最大为 2 W，与基站 270 W 的辐射功率比较其差异为上百倍。而且基站是 24 h 进行工作，手机只是在打电话时才发射信号。在研究基站辐射的生物效应中，必须考虑该因素的影响。

（3）GSM 通信基站的辐射方式

移动基站天线每一扇区都有一个广播频率，该频率每天 24 h 满功率发射扇区的信息。其他频率则主要是在通话时发射，其发射功率根据通话者的远近自动调节。基站广播频率的辐射方式是连续辐射，其他频率则是脉冲式辐射。因此，移动基站辐射分为连续波辐射和脉冲波辐射。

1.2.4.2　手机

（1）手机电磁辐射

手机作为一种无线通信设备，通过天线收发高频电磁波（300 MHz ~ 300 GHz）进行信息传播。通话时将语音数字信号转换成电信号，由内部电路耦合到天线辐射到外部空间，同时又从外部空间接收电磁波并转换成电信号，从而进行信息的传递交换。物理特性上，高频电磁波的光子能量不足以导致原子和分子电离，只产生非电离辐射。

（2）手机天线的特性

手机天线是用来辐射和接收高频电磁波，其直接影响手机的接收和发射性能。多数手机天线是以对称振子为基础而发展成的各种形式线状天线，如鞭状天线和螺旋天线。手机使用中随时都可能改变位置和方向，因此，在水平面设计为全向辐射（即没有方向性），这种设计形式导致天线辐射的能量穿过大脑。美国移动电话协会研究指出，鞭状手机天线发射的微波，仅 40% 的射频能量用于通信，60% 的微波被头部吸收。

手机辐射之所引起人们的恐慌或担忧，是因为在通信时人体充当了手机设备的天线部件。在用户通信过程中，手机不间断地与基站联系，需要发射一定强度的电磁波，手机天线是产生辐射最强的地方，而天线正对着大脑，人体的头部近似为吸收介质的椭球体（其长轴约一个波长），它吸收和散射手机天线发出的电磁波，产生射频电阻损耗，所以，当头部靠近天线，人体和导电机壳上会感应出电流，感应电流的耗散将改变原来的天线辐射特性。同时，人体与手机天线间的邻近效应会劣化天线的辐射效率。

日常生活中，可通过电磁辐射测量设备检测手机的辐射性能。鉴于此，人体与手机天线的耦合是测量设备不能替代的，所以，这种测量结果仅能代表理想状态下手机的辐射值，并不能体现手机辐射到头部的真实能量。在防护标准中的导出限值就是据此制定的。

1.2.4.3 WIFI

即 Wireless – Fidelity（Wi – Fi），是一种将个人电脑、手持设备（如 Pad、手机）等终端以无线方式互相连接的技术，即一个高频无线电信号。几乎所有智能手机、平板电脑和笔记本电脑都支持无线保真上网，是当今使用最广的一种无线网络传输技术。它是将有线网络信号通过无线路由器或其他功能元件转换为无线信号，无线路由器的天线或其他功能的元件如电脑、手机、平板等提供接收。

无线保真信号是由有线网提供的，比如家里的 ADSL、小区宽带等，通过无线路由器连接，即可把有线信号转换成无线保真信号。

无线网络上网传输速度非常快，可以达到 54 Mbps，符合个人和社会信息化的需求。最主要的优势在于不受布线条件的限制，因此，适合移动办公用户的需要，此外，发射信号功率低于 100 mW，也低于手机的发射功率，相比较而言更安全健康。无线保真技术传输的不足在于无线通信质量不佳，数据安全性能与蓝牙技术相比略差，传输质量有待改进。

Wi–Fi 无线上网使用的电磁频段从 2.4 GHz 到 5 GHz，比手机使用的频率稍微高一些。无线上网的辐射大小主要取决于信号的功率，与无线路由器的带宽之间不存在必然联系。带宽相当于你在同样的时间内表达的信息量大小，功率相当于你说话时候的声音大小。通信的带宽取决于很多因素，带宽大不意味着辐射一定大，比如第一代手机大哥大的辐射比现在的手机大很多，可是带宽却很小，只能传输声音信号，连短信功能也没有。最新的手机可以传输各种多媒体信息，产生的辐射反而较小。

1.3　电磁辐射暴露限值和标准

目前，许多国家都制定了电磁辐射暴露限值的标准，由于对电磁辐射所造成的健康危害的不同理解，不同国家所制定的电磁辐射标准有很大的差异。从对人体健康潜在影响的角度来看，国际上对电磁辐射的测量标准是功率密度和比吸收率。其中，俄罗斯、中国、意大利、比利时等国家在制定标准时考虑了电磁辐射对人体的神经效应方面的影响，因此，颁布的电磁辐射相关标准限值较严厉，而美国、澳大利亚、德国等国在制定标准时采用了国际非电离协会（ICNIRP）的推荐标准，没有考虑电磁辐射对人体的神经效应方面的影响，仅考虑已有明确研究结果的热效应，标准限值较宽松，将来仍然有进一步提高标准限值的可能。

1.3.1　ICNIRP 限制交变电场和磁场暴露的导则

导则中的各种限值是基于科学数据得出来的，当前已有的研究表明，这些限值对时变电磁场暴露提供了足够的保护水平。在导则中把它们分为两类：

1.3.1.1　基本限值

基本限值是指直接根据已确定的健康效应而制定的暴露在时变电场、磁场和电磁场下的限值。根据暴露电磁场频率的不同，用来表示此类限值的物理量有电流密度（J）、比吸收率（SAR）和功率密度（S）。只有被暴露者在体外空气中的功率密度可以测量。

根据不同的参数制定不同频率范围的基本限值：

在 1 Hz ~ 10 MHz 频率范围内，基本限值主要是电流密度，以防止对神经系统功能造成影响；

在 100 kHz ~ 10 GHz 频率范围内，基本限值主要是 SAR，以防止全身发热和局部组织过热；

在 100 kHz ~ 10 MHz 频率范围内，基本限值包括电流密度和 SAR；

在 10 GHz ~ 300 GHz 频率范围内，基本限值主要是功率密度，以防止身体表面组织或附近组织过热。

在几 Hz 到 1 kHz 频率范围内，对于超过 100 mA · m^{-2}的感应电流密度而言，中枢神经系统兴奋性剧烈变化以及其他剧烈效应，比如视觉诱发电位超过阀值。出于上述安全考虑，对于 4 Hz ~ 1 kHz 频率范围而言，职业暴露限值为感应电流密度低于 10 mA · m^{-2}的场，即安全系数为 10。对于公共限制而言，采用额外的安全系数 5，公众暴露限值为 2 mA · m^{-2}。对于 4 Hz 以下及 1 kHz 以上的频率而言，感应电流密度基本限值逐渐提高，同时与这些频率范围相关的神经刺激阈值也相应提高。

1.3.1.2　导出限值

导出限值用来评估实际暴露以确定基本限值是否可能被超过。某些导出限值是根据相关的基本限值用测量和/或计算推导出的，而某些导出限值是基于暴露于 EMF 的感觉和不利的间接影响提出来的。导出限值的物理量是电场强度（E）、磁场强度（H）、磁通量密度（B）、功率密度（S）和流过肢体的电流（I$_L$）。反映感觉和其他间接效应的物理量是接触电流（I$_C$）和用于脉冲场的"比吸收能"（SA）。在任何特定的暴露情况下，这些物理量的测量或计算值都可以与相应的导出限值比较。遵守导出限值可以保证遵守对应的基本限值。如果测量或计算值超过导出限值，并不意味着一定超过基本限值。但是，一旦超过导出限值，则必须检验与基本限值的符合性，并决定是否有必要采取额外的保护措施。

1.3.2　职业和公众暴露限值

辐射环境下的职业人员是暴露在已知条件下，并经过培训，了解相关风险而采取了恰当防护措施的成年人。与此相对的，普通人群包括所有年龄段和不同健康状况的个体，同时还可能包括特殊敏感人群或个人。在许多情况下，普通人群没有意识到他们已经暴露在电磁辐射中，此外，普通人群不可能采取预防措施减少或避免照射。正是出于这些考虑，公众暴露限值应该比职业暴露限值更为严格。考虑到不同的频率范围和波形，ICNIRP 导则中所用的剂量测定量纲如下（表 1 - 3）：

表 1 - 3　电场、磁场、电磁场和剂量测定量以及相应的 SI 单位

物理量	符号	单位
导电率	σ	西门子每米（$S \cdot m^{-1}$）
电流	I	安培（A）
电流密度	J	安培每平方米（$A \cdot m^{-2}$）
频率	f	Hz（Hz）
电场强度	E	伏特每米（$V \cdot m^{-1}$）
磁场强度	H	安培每米（$A \cdot m^{-1}$）
磁通量密度	B	特斯拉（T）
磁导率	μ	亨利每米（$H \cdot m^{-1}$）
介电常数	ε	法拉第每米（$F \cdot m^{-1}$）
功率密度	S	瓦特每平方米（Wm^{-2}）
比吸收能	SA	焦耳每千克（$J \cdot kg^{-1}$）
比吸收率	SAR	瓦特每千克（$W \cdot kg^{-1}$）

电流密度 J，适用的频率范围在 10 MHz 及以下；

电流 I，适用的频率范围在 110 MHz 及以下；

比吸收率 SAR，适用的频率范围在 100 kHz ~ 10 GHz；

比吸收能 SA，适用于脉冲场，频率范围在 300 MHz ~ 10 GHz；

功率密度 S，适用的频率范围在 10 GHz ~ 300 GHz；

1.3.3　我国的电磁辐射暴露限值管理标准

我国电磁辐射暴露限值标准相对世界上其他国家更为严格，自 1988 年以来，先后由卫生部、国家环保局和信息产业部起草制定过 18 个有关电磁辐射的国家标准及各行业和军用标准。

由卫生部制定颁布的电磁标准包括：

（1）《GB 18555 - 2001：作业场所高频电磁场职业接触限值》

（2）《GB 16203 - 1996：作业场所工频电场卫生标准》

（3）《GB 10437 - 1989：作业场所超高频辐射卫生标准》

（4）《GB 10436 - 1989：作业场所微波辐射卫生标准》

（5）《GB 9175 - 1988：环境电磁波卫生标准》

由国家环境保护总局制定颁布的电磁辐射防护标准有：

（6）《GB 8702 - 1988：电场辐射防护规定》

此外针对环境防护还制定了以下两个标准：

（7）《HJ/T 10.3 - 1996：电磁辐射环境影响评价方法与标准》

（8）《HJ/T 24 - 1998：500kV 超高压送变电工程电磁辐射环境影响评价技术规范》

信息产业部制定的电磁防护标准有：

（9）《GB 12638 - 1990：微波和超短波通信设备辐射安全要求》

此外，国家还颁布了以下电磁兼容军用标准：

（10）《GJB 7 - 1984：微波辐射安全限值》

（11）《GJB 475 - 1988：微波辐射生活区安全限值》

（12）《GJB 476：生活区微波辐射测量方法》

（13）《GJB 1001 - 1990：作业区超短波辐射测量方法》

（14）《GJB 1002 - 1990：超短波作业区安全限值》

（15）《GJB 2420 - 1995：超短波辐射生活区安全限值及测量方法》

（16）《GJB 3861 - 1999：短波辐射暴露限值及测量方法》

（17）《GJB 5313 - 2004：电磁辐射暴露限值和测量方法》，该标准由总装备部牵头，针对上述 7 个标准中存在的标龄偏长、内容重叠不统一的问题进行归并统一，同时考虑了"暴露"、"限值"的概念并重新界定"暴露限值"标准。

此外，国家质量监督检验检疫总局、国家标准化管理委员会也于 2009 年颁布了以下电磁辐射暴露防护标准：

（18）《GB/T 23463 - 2009：防护服装——微波辐射防护服》

随着现代化程度的不断提高，环境中各种频段的电磁波越来越多，人群受到的电磁场暴露强度也越来越高。为充分保护在现代环境中生活和工作的人群健康，维护社会的可持续发展，必须在科学评估电磁场的健康危害效应的基础上，制定合理的电磁辐射暴露限值。

1.3.4 国内典型电磁标准暴露限值的对比

为了便于比较，国内外多采用电场强度作为暴露限值的评价指标，并且在 30 MHz 以下和 10 GHz 以上频率电磁波暴露限值较大，提示在这两个频谱范围内人体即使暴露在较高电场强度的电磁辐射中也可耐受；30 MHz ~ 10 GHz 的频谱范围为敏感的频段，各电磁标准均规定了相对较低的暴露限值，即在这个频率范围内，人体只能耐受较低场强的电磁暴露。

自 1988 年以来，我国先后颁布了《环境电磁波卫生标准》（GB9175 - 88）、《电磁辐射防护规定》（GB8702 - 88）等国家标准；《辐射环境保护导则 - 电磁辐射环境影响评价方法与标准》（HJ/T10.3 - 96）、《微波辐射生活区安全限制》（GB475 - 88）等标准（见表 1 - 4 和表 1 - 5）。目前我国关于电磁辐射暴露限值的标准是由多个部委发布，且以各自的业务和学术观点出发，统一性不强。最近完成的《电磁辐射暴露限值和测量方法》（草案）中明确规定了时变电场和磁场的职业暴露导出限值和公众暴露导出限值。

此外，我国尚未颁布相关的电磁辐射污染防治法，《中华人民共和国电磁辐射污染防治法》现处于起草阶段。在《中华人民共和国环境保护法》中，也缺乏关于电磁辐射污染的具体规定，特别是没有明确法律责任，导致难以根据电磁辐射污染防治法进行法律问责，减小了对污染源的控制力度。在电磁辐射污染方面，可参考的法律标准只有国家环保总局于 1997 年颁布的《电磁辐射环境保护管理办法》，但该法制订时间较早，在制定该法时还没有出现电器和电子产品的大量使用，故时至今日内容稍显滞后；由于其仅为部门规章，在目前"谁主管谁起草，谁起草谁执法"的部门立法模式下，由相关产业部门起草的立法很难主动考虑电磁辐射污染问题。因此，电磁辐射污染防治法的缺失，导致我国对违法建设、污染严重等电磁项目的监督缺失，形成了目前我国在电磁辐射防护方面相对比较混乱的局面。

表 1-4 电磁辐射的安全限值

标准号	对象	频率	波型	平均功率密度			时间（h）
				安全区	作业区	危害区	
GJB475 -880.1~3	公众	0.3~300 GHz	脉冲 连续	15 μW/cm² 30 μW/cm²		2 W/cm²	8 1 8
GJB7-84	职业	0.3~300 GHz	脉冲		25 μW/cm² 200 μW/cm²		无限
			连续		50 μW/cm² 400 μW/cm²	4 W/cm²	8 1 8
GB9175-88	公众	长~短波 超短波 微波		<10 V/m <5 V/m <10 μW/cm²	<25 V/m <12 V/m 40 μW/cm²		24
GB10437-89	职业	超高频	连续		50 μW/cm² 100 μW/cm²		8 4
			脉冲		25 μW/cm² 50 μW/cm²		8 4
GB8702-88	职业 公众	100 kHz~ 300 GHz	6 min	SAR <0.02 W/kg	SAR <0.1 W/kg		8 24

表 1-5 公众照射导出限值

频率范围	电场强度 V/m	磁场强度 A/m	功率密度 W/m²
0.1 MHz~3 MHz	40	0.1	4.0**
3 MHz~30 MHz	$67/\sqrt{f}$	$0.17/\sqrt{f}$	$12/f$**
30 MHz~3 000 MHz	12*	0.032*	0.4
3 000 MHz~15 000 MHz	$0.22/\sqrt{f}$*	$0.003/\sqrt{f}$*	$f/7500$
15 000 MHz~30 000 MHz	27*	0.073*	2

注：*不作为限值，**系平面波等效值，供对照参考；f 是频率，单位为 MHz。

1.3.5 基站辐射的安全距离及标准

微蜂窝基站的功率比一般移动通信基站小，其电磁辐射强度也比一般基站的小。实际监测显示：在天线附近、距离地面 1.7 ~ 2.0 m 的高度，电磁辐射功率密度值都是远小于国家标准的，而且 90% 以上的测试结果都小于 1 μW/cm²。

　　2006 年 5 月，世界卫生组织（WHO）发布了电磁场与公共卫生第 304 号实况报告《基站和无线技术》，报告指出："鉴于非常低的接触水平和迄今收集的研究结果，没有令人信服的科学证据能证实来自（移动通信）基站和无线网络的微弱射频信号会对健康产生不利影响。"2006 年 6 月，WHO 发布了《移动通信及其基站》的实况报告指出："最近的任何一项研究，都没有证明暴露于移动电话或基站的射频场会对健康带来损害。"

表 1-6　基站天线满足 ICNIRP 导则公众照射限值符合距离的计算公式

频率范围	公众照射	
1 MHz ~ 10 MHz	$r = 0.10 \sqrt{eirp \times f}$	$r = 0.129 \sqrt{erp \times f}$
10 MHz ~ 400 MHz	$r = 0.319 \sqrt{eirp}$	$r = 0.409 \sqrt{erp \times f}$
400 MHz ~ 2 000 MHz	$r = 6.38 \sqrt{eirp \div f}$	$r = 8.16 \sqrt{erp \div f}$
2 000 MHz ~ 30 000 MHz	$r = 0.143 \sqrt{eirp}$	$r = 0.184 \sqrt{eip}$

r：最小天线距离，单位：m

f：频率，单位：MHz

erp：最大天线增益方向上的有效辐射功率，单位：W

$eirp$：最大天线增益方向上的等效全向辐射功率，单位：W

表 1-7　基站天线满足 ICNIRP 导则职业照射限值符合距离的计算公式

频率范围	职业照射	
1 MHz ~ 10 MHz	$r = 0.014 4 \times f \times \sqrt{eirp}$	$r = 0.018 4 \times f \times \sqrt{eirp}$
10 MHz ~ 400 MHz	$r = 0.143 \sqrt{eirp}$	$r = 0.184 \sqrt{eirp}$
400 MHz ~ 2 000 MHz	$r = 2.92 \sqrt{eirp \div f}$	$r = 3.74 \sqrt{eirp \div f}$
2 000 MHz ~ 30 000 MHz	$r = 0.068 38 \sqrt{eirp}$	$r = 0.081 9 \sqrt{erp}$

r：最小天线距离，单位：m

f：频率，单位：MHz

erp：最大天线增益方向上的有效辐射功率，单位：W

$eirp$：最大天线增益方向上的等效全向辐射功率，单位：W

　　2011 年 6 月，世界卫生组织（WHO）发布了电磁场与公共卫生第 193 号实况报告《移动电话》指出，"在过去二十几年中，进行了大量研究以评估移动电话是否会带来潜在的健康风险。迄今为止，尚未证实移动电话的使用对健康造成任何不良后果。"

普通基站的辐射主要来自天线，辐射量的大小与距离的平方成反比，《电磁辐射防护规定》中规定 30 MHz ~ 3 000 MHz 的辐射限值为 12 V/m（即 40 $\mu W/cm^2$），在距离天线位置仅 2 米处的发射功率为 5 $\mu W/cm^2$，距离越远，辐射值越小。对于电磁辐射，距离防护是很有效的。通信基站建在楼顶，有的还要视情况另外架高，加上电磁辐射的方向是向上而不是向下的，因此即使是住在顶楼的小区住户，也不必担心基站的辐射对自己的健康会有影响。但 ICNIRP 导则中仍给出了一些计算公式（表 1 - 6，表 1 - 7）。而我国关于基站天线满足的限制符合距离的公式计算公式如下（表 1 - 8，表 1 - 9）：

表 1 - 8　基站天线满足 GB8702 - 88 公众照射限值符合距离的计算公式

频率范围	公众照射
0.1 MHz ~ 3 MHz	$r = 0.044\ 6\ \sqrt{P \cdot G}$
3 MHz ~ 30 MHz	$r = 0.044\ 6\ \sqrt{P \cdot G \cdot f}$
30 MHz ~ 3 000 MHz	$r = 0.446\ \sqrt{P \cdot G}$
3 000 MHz ~ 15 000 MHz	$r = 24.4\ \sqrt{P \cdot G \div f}$
15 000 MHz ~ 30 000 MHz	$r = 0.20\ \sqrt{P \cdot G}$

r：最小天线距离，单位：m

f：频率，单位：MHz

P：天线辐射功率，单位：W

G：天线最大辐射方向上的线性功能增益值

表 1 - 9　基站天线满足 GB8702 - 88 职业照射限值符合距离的计算公式

频率范围	公众照射
0.1 MHz ~ 3 MHz	$r = 0.002\ 0\ \sqrt{P \cdot G}$
3 MHz ~ 30 MHz	$r = 0.036\ 4\ \sqrt{P \cdot G \cdot f}$
30 MHz ~ 3 000 MHz	$r = 0.020\ 0\ \sqrt{P \cdot G}$
3 000 MHz ~ 15 000 MHz	$r = 10.9\ \sqrt{P \cdot G \div f}$
15 000 MHz ~ 30 000 MHz	$r = 0.089\ 2\ \sqrt{P \cdot G}$

r：最小天线距离，单位：m

f：频率，单位：MHz

P：天线辐射功率，单位：W

G：天线最大辐射方向上的线性功能增益值

1.3.6 基站现场电磁场暴露评估

电磁场照射的基本限值是直接基于其健康效应。在许多情况下，基本限值难以根据实际环境计算得到。人体暴露于电场、磁场和电磁场下的参考限值是根据现实情况下照射的最坏情形假设由基本限值推导出来的。既满足参考限值，也同时满足基本限值；但如果超过参考限值，却并不一定意味着超过了基本限值。这意味着，符合参考限值的要求是一种保守的评估方法。比较不同国家电磁辐射公众照射导出限值（表 1 – 10），能清晰发现我国国家标准是很严格的。

表 1 – 10 不同国家电磁辐射公众照射导出限值比较

国家/组织	公众照射导出限值		
	标准（W/m²）	以 3G 基站 2 000 MHz 为例	以 GSM 基站 900 MHz 为例
中国	0.4	0.4 W/m²（40 μW/cm²）	0.4 W/m²（40 μW/cm²）
ICNIRP	$f/200$	10 W/m²（1 000 μW/cm²）	4.5 W/m²（450 μW/cm²）
欧盟	$f/200$	10 W/m²（1 000 μW/cm²）	4.5 W/m²（450 μW/cm²）
美国	$f/150$	13.33 W/m（1 333 μW/cm²）	6 W/m²（即 600 μW/cm²）

在《基站现场电磁暴露评估》标准中，将考虑电磁强度、磁场强度和功率密度三种参考限值的符合性。根据参考水平的计算方法可用于远场区域的参考方法和辐射近场的替代方法。该参考方法，只有感应近场区域因不具有足够的精度而成为唯一不适用的区域。由于电磁场的真正源头是发射天线，而不是发射机本身，又因为发射天线是决定发射台附近电磁场分布的主要发射源，如果给天线输入同类型的信号和相同的功率（更准确地说，应是相同的馈电系统输入），那么电磁场的分布将与使用的发射机的类型无关。多数情况下，发射机和发射天线之间的距离很大（无线电通信系统一般是 30 ～ 100 m，而广播系统则达 200 至 1 500 m）。发射机外壳的辐射是无意辐射，不予考虑。发射天线的辐射是有意辐射，从照射评估的角度而言非常重要，并决定了人群可进入范围的辐射水平。

照射评估最重要的一步是评估考察区域的辐射水平。通常情况下发射器和基站运行多个频率，因此需要进行累积照射量的评估。根据可获取的数据以及使用的评估模型和方法的不同，评估结果的精度或高或低。一般而言与辐射源有关的信息越详细、使用的方法和模型越成熟，精度就越高。有些情况下，由于缺乏适当的发射设备（天线）数据，评估准精度也会受限。

移动通信基站的工作频率在 800 MHz ~ 2 400 MHz 范围内，执行我国 GB 8702 - 88《电磁辐射防护规定》的限值 0.4 W/m² （即 40 μW/cm²）。

由表 1 - 10 可见我国的电磁辐射标准与国际标准相比是非常严格的，因此，小于我国电磁辐射标准的环境是安全的，对公众健康的影响是较小的。

1.3.7 电磁辐射与安全标准评价

国际上电磁辐射的测量标准有两种，分别是功率密度标准和比吸收率标准，前者属电磁学领域，后者仍与电磁学相关，但已扩展到生物学领域了。

功率密度标准

功率密度是指单位面积所接收到的辐射功率，测量的是信号强度，用电场强度和磁场强度来表示，但普遍采用的表示方式是功率密度。表 1 - 10 是我国现行的《电磁辐射防护规定》（GB8702 - 88）中对公众照射限值的规定。在 30 MHz ~ 30 000 MHz 范围内的电磁波，频率越高则穿透人体能力就越差，因此，对人体影响而言，频率越高则允许的功率密度就越大，即从 30 MHz 的 0.4 W/m² 到 30 000 MHz 的 2 W/m²。

一般手机的峰值功率为 2 W，美国电气电子工程师协会（IEEE）不考虑发射功率 7 W 以下的安全问题，但美国国家辐射防护测量委员会（NCRP）主张更严格标准，美国联邦通信委员会（FCC）对 2G 手机所集中使用的 900 MHz 频段规定的辐射限值为 6 W/m²，比我国的 0.4 W/m² 宽松了 15 倍。

我国现行的电磁辐射防护规定（GB8702 - 88）是国际上最严格的标准之一，通信公司建基站和国家环保部的检查，均是依据此标准。实际上，基站现在越建越密，单基站的辐射功率在变小，辐射功率密度呈现下降趋势。由于新技术的应用，手机的功率在减小，手机和基站对人体潜在的威胁程度向降低趋势发展。

比吸收率标准

比吸收率（SAR）是指给定密度的体积微元内，质量微元所吸收的能量微元对时间的微分值，即单位时间和单位生物体质量所吸收的电磁能量，单位是 W/kg。

相对前面介绍的功率密度标准，该标准更多地考虑了人体因素，是更为准确的参考标准，但它难以操作。功率密度标准的检验很简单，用场强仪或频谱分析仪测量即可，但比吸收率标准的检验却需要人体模型来配合，而且后续的数据算法也非常复杂。在电磁辐射防护标准中，美国辐射保护与测量委员会（NCRP）和美国电气电子工程师协会（IEEE）所制定的美标为 SAR ≤1.6 W/kg，国际非电离辐射防护委员会（ICNIRP）制定的欧标为 SAR ≤ 2.0 W/kg，其中欧标是世界卫生组织（WHO）推荐的标准。

但在我国《移动电话电磁辐射局部暴露限值》（GB21288 – 2007）中，主要遵从世卫组织推荐的欧标 2.0 W/kg 标准。

国外许多实验室多年的研究资料表明，SAR 与手机的制式（例如 GSM 或 CDMA）没有关系，SAR 与功率密度也没有换算关系，但在国内常常将两者比较，以期定性地说明问题。《移动电话电磁辐射局部暴露限值》（GB21288 – 2007）标准的最后一条对移动电话产品的标志提出了要求：应在说明书中以黑体字表示产品的 SAR，并鼓励在产品外包装上标明 SAR 的最大值。

第 2 章　生物组织的电磁特性

　　生物系统是指有生命活性的系统，即从单个细胞、生物分子，到生物组织和器官，以及由各种组织和器官构成的机体，乃至生物群体。由于电磁场的基本特性是可以对机体内的电荷产生力的作用，进而产生能量转换，因此在研究电磁场和生物系统相互作用时，必须了解生物系统本身的电磁特性。

　　对于生命起源和生命活动本质，人们至今仍不是很清楚。在生命活动中，生物活体自身电磁场和电磁波的形成、运动规律及所起的作用，至今也尚无定论。但生物活体自身具有的电磁特性和电磁现象，是可以用现有的物理学和生物学知识加以分析并通过实验方法进行测量的。构成任何生物活体的空间结构是处于不同状态的物质，即由含带电粒子的原子和分子组成。在生命活动和生命系统结构中，起决定作用的力表现形式也是各种各样的电磁力。从微观上看，各种生物组织的分子内部存在很强的电场，且在分子尺度范围内改变位置时，场强的变化非常剧烈。虽然这种微观场决定着物质的物理化学特性，但这种场用现有的电生理技术是无法测量的。可测量的仅是在一定体积（含有 10^{12} 个分子或更多分子的体积）内微观场的空间平均值。因此，生物组织的宏观电磁特性，可用宏观参数磁导率 μ，介电常数 ε 和电导率 σ 来表示。研究表明，除少数鸟类的组织以外，所有生物组织都是非磁性的，即相对磁导率 $\mu_r = 1$，故通常只考虑其电特性。由于各种生物组织的电特性各不相同，因此，即使把生物体视为一个无活性的静止系统，电特性也是非均匀的，某些生物组织可能是各向异性的（例如肌肉的电导率与电流流经肌纤维的方向有关）。生物系统中也存在类似二极管、三极管的非线性特性，涉及到非线性动力学问题。基于上述特征，研究生物系统与外加电磁场之间相互作用时，必须考虑这些物理问题。

　　另一方面，生物体与一般非生命体之间存在根本性的不同。非生命物质，除了铁电体和铁磁体以外，在没有外加电场的作用下并不呈现电磁特性。而对于生物体，即使没有外加电磁场作用，生物体本身就在进行着复杂的电磁活动，表现出某些电磁现象。生命活动过程是物质、能量和信息三个基本量的综合表现，因而生物体内及与外环境之间时刻都处于这三种量的交换、输送和加工的动态过程中。已有研究表明，生命是通过一系列相互关联的生物化学过程实现内外物质、能量交换和自身的复制。从电磁学角度看，电磁场与生物体之间相互作用的本质是电磁场与构成生物体各层次物质之间的相互作用，因此研究生物体各层次物质的电磁特性是研究电磁场与生物体之间关系的基础。

对于外加电磁场与生物体相互作用的研究，一个根本的问题是生物体对电磁波的吸收。生命体可以看作是由无数细胞构成的一个复杂的容积导体，对外界的高频电磁场有一定的屏蔽作用。因此外加电磁场对生物体内组织和器官的影响与该组织或器官区域内电磁场的分布等直接相关。各种组织或器官电磁特性对于计算外加电磁场在生物体内的分布非常重要。另外，电磁生物效应的作用机制研究同样也需要从微观角度对生物体的电磁特性进行深入的探讨。

总之，生物组织电磁特性是研究生物电磁效应的基础。最早研究生物组织电磁特性的是德国科学家 Hermann，他于 1871 年测量了骨骼肌的电阻，并发现电阻抗值随电流通过骨骼肌的方向不同而变化。1930 年，Sapegno 测量了生物组织电容。随后建立了 Cole – Cole 理论，并建立了生物组织的三元模型。根据 Schwan HP 研究结果，生物组织介电特性与电磁场频率有密切关系，主要表现在随着电磁场频率的增加，生物组织的介电常数会下降。

2.1   生物分子及离子的电磁特性

从生物体基本组成而言，所有成分均由原子和分子组成。水作为良好的溶剂，可以参与细胞的物质代谢过程并且维持细胞的正常形态。分子是由原子通过化学键（离子键、共价键、范德华力、氢键等）相结合，可分为极性分子和非极性分子。非极性分子具有空间对称结构，而极性分子则在三维结构上呈现不对称形式，正、负电荷中心不重合，存在固有偶极矩。在电磁场通过时形成一定的电场，极性分子在电场作用下形成偶极子，沿电场方向具有一定取向性，即在自然状态下随机热运动排列较为紊乱的极性分子会在电场方向按照波尔兹曼方程排列，也即在电场作用下极性分子将产生沿电场方向的取向运动。当施加交变电场时，极性分子将随着交变电场频率的变化来回定向排队。当频率不太高时分子运动可以跟得上外电场的变化，在分子运动时会碰撞摩擦而产生热量，而在电场频率较高时分子将跟不上外电场的变化，只能将能量滞留并以热的形式表达出来。此外一些非极性分子在电场作用下，受电场的影响电荷亦会重新分布转化为极性分子参与运动。

2.1.1　水分子电磁特性

　　水广泛存在于地球表面，也是人们最熟悉的一种物质，它与生命的诞生和生物的生长发育紧密相关，可以说没有水就没有生命。英国生物学家T. H. Huxley 曾说过"我们应该从水开始来进行我们的科学研究"。宇航员在外星空间寻找生命活动存在与否的标志之一就是是否有水的存在，有了水才有可能有生命。由于水的作用，生物组织的介电常数比一般的铁电材料还要高，高达 $10^5 \sim 10^6$。电磁波之所以能与生命体相互作用，重要的原因之一就是生命体中含有水这种致密的媒介物，当与电磁场作用时，水分子的存在形式和状态发生改变，并以热或非热效应影响其生理功能。因此，在研究电磁场的生物效应时，必须认识和解读水的不同状态在生命系统中的功能及其与电磁场之间的相互作用。

　　相邻细胞结构之间存在大量的水，水是整个细胞的生存环境，细胞内水是细胞间的水透过细胞膜上水通道进入细胞内。细胞是由细胞核、细胞器及细胞浆组成。细胞浆主要是由水、酶类和无机盐离子组成，无机盐离子能够维持细胞内外的渗透压及酸碱平衡。表 2 - 1 给出了原生质的组成，表 2 - 2 给出了生物或人体各个组织中含水量，均用质量百分比表示，从表中可以看出生物体中含有大量的水。

　　一般来讲，生命体中的水大部分以自由水形式存在，可以参与细胞的物质代谢过程、作为良好的溶剂并且维持细胞的正常形态。这些自由水大多是极化的，具有一定偶极矩，从而使它的介电常数很大，在带电离子形成的局部电场中，极化水部分地有序排列起来，包围溶解在其中的盐离子，屏蔽部分离子场，从而形成一些水合物。因此，生命体中的许多离子不是以裸离子形式，而是以"水合"形式存在。同时，分子间氢键和热运动能够阻碍这些水的"排挤"效应。但还有少部分水吸附在蛋白质极性基团上，并与蛋白质多肽链上肽键中的 N 原子以氢键结合，或与蛋白质的其他极性基团形成氢键，这部分水则被称为结合水，当它们与电磁场作用时，就会改变水分子的状态，并以热或非热效应影响生物体功能。因此，不能简单地把水当成填充在细胞结构分子空间中的一种无活动力的介质，水与细胞内的有机物质形成了一个不可分开的单元或体系。

表 2-1   原生质的组成

物质	含量/%	种类
水	60~90	自由的和结合的
蛋白质	7~10	清蛋白、球蛋白、组蛋白、精蛋白、核蛋白
脂肪	1~2	脂类
其他有机物质	1~1.5	糖类
无机物	1~1.5	Na^+、K^+、Ca^{2+}、Mg^{2+}、Cl^-、SO_4^{2-}、PO_4^{3-}

表 2-2   水在各种组织和器官中的含量

组织	含水量（%）	组织	含水量（%）
骨	44~55	肺	80~83
骨髓	8~16	肌肉	73~78
肠	60~82	皮肤	60~76
脂肪	5~20	脾脏	76~81
肾脏	78~79	肝	73~77

液态水分子实际上都是极化的，具有一个大的电偶极矩，实验测得水分子的固有偶极矩为1.85D，电磁波之所以能够在生物组织中传播并产生相互作用，重要原因之一是生物体中含有水这种致密的媒介物。

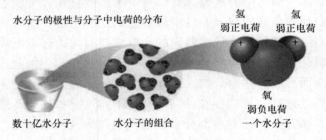

图 2-1   水分子的极性与分子中电荷的分布

水分子中原子是通过极性键相互连接起来的，氧的电负性为3.5，大于氢的电负性2.1，这表明氧原子对外呈现负电荷，而氢原子对外呈现正电荷，图2-1给出了水分子的极性与分子中电荷的分布。1个氧原子和2个氢原子之间的夹角为104.5°，当受外界作用影响时，其容易发生变化。当许多水分子聚集在一起时，一个分子中带正电荷的氢原子吸引一个临近分子中带负电荷的氧原子生成氢键，从而产生缔合水分子群体，如二聚化水和其他高聚合水的链状、环状和团簇结构。这种水分子团簇具有间隙较大的晶格结构。水分子团簇是一种动态结合，稳定存在时间约为 10^{-12} s，水分子簇大小与温度、离子浓度以及所处的电磁环境有关，一般由 30～40 个水分子组成。水分子团簇中的氢键结合能为 2～8 千卡（kCal），约为 O－H 共价键结合能的 1/20。当水分子形成络合物时，原子周围电子密度发生改变，对于二聚化水中游离水分子的 10 个电子电荷分布是：氧原子周围电荷为 8.64，氢原子周围的电荷为 2×0.68。根据这个特点，水分子实际结构更接近于正四面体结构，它们通过氢键连接。X 射线衍射分析直接证明了水分子排列类似于金红石的正四面体结构，见图 2－2，其中 δ 代表原子所带的局部电荷。位于四面体中心的水分子受到较大的内电场作用，因此在外电场作用下表现出强的极化现象。

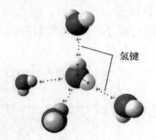

氢键

图 2-2　水分子四面体结构。其中，δ 代表原子所带的局部电荷

由于极性水分子的缔合，其具有较大的介电常数，这也是水能够溶解离子化合物的重要原因。电介质极化理论指出，极性液体电介质极化方式除了电子位移极化和原子位移极化外，还存在偶极转向极化。一般原子位移极化率极小，目前尚无法直接测量，故可以忽略不计，因此水分子极化率 α 表示为：

$$\alpha = \alpha_e + \alpha_d = \alpha_e \left(\frac{\mu_0^2}{3kT} \right) \tag{2-1}$$

式中：

　　α_e—电子位移极化率/F · m²；

　　α_d—转向极化率/F · m²；

　　μ_0—分子偶极矩/C · m。

相比气体介质而言，液体介质分子间距离较小，临近分子偶极矩对所研究分子的作用电场不能忽略，也不能抵消。温度对水的介电特性也有明显影响，表现为随着温度的升高，分子热运动加剧从而干扰水分子定向。Malmbery 等人在几 kHz 频率研究了纯水在 0～100℃ 内介电系数的温度特性，并建立了水的静态相对介电常数与温度的关系，随温度升高呈现线性下降，可以描述为。

$$\varepsilon_{\mathrm{r}} = 87.74 - 0.4008t + 9.398 \times 10^4 t^2 - 1.410 \times 10^{-8} t^3 \qquad (2-2)$$

式中：

　　　ε_{r}——水的静态相对介电常数；

　　　t——水的摄氏温度值/℃。

M. Chaplin 也给出了水在 0～100℃ 的介电常数和介质损耗，见图 2-3。从图中可以看出，随着温度的增加，氢键强度减小。表现在（1）静态和光频下的介电常数减小；（2）偶极子容易运动，因此允许水分子在更高的频率振荡；（3）水分子转动所需的力减小，因此摩擦力减小，损耗降低。

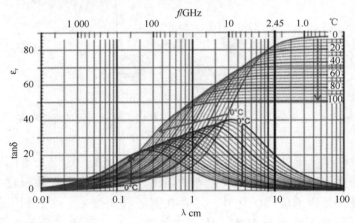

图 2-3　纯水高频段介电谱

水和冰都是典型的具有单一松弛特性的极性介质，并可用 Cole - Cole 圆图描述，如图 2-4 所示。其中红色半圆弧表示水在 0～100℃ 内每间隔 20℃ 的 Cole - Cole 圆图，蓝色表示在特定频率下（1.3～201 GHz）随温度的变化曲线；虚线表示纯水冰的 Cole - Cole 圆图，冰晶体中偶极分子也具有在电场作用下转动定向的能力，但松弛时间更长，频率更低。

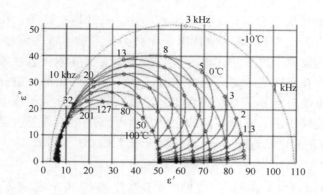

图 2 - 4   水在不同温度下的 Cole – Cole 圆图

此外，水的松弛活化能还与温度有关，见表 2 – 3。随着温度的降低，水的结构趋于更加稳定，活化能增加。当温度低于 0℃ 时，液态水变成固态冰，并在 - 80 ~ 0℃ 范围内变化不大，其值约为 13.8 kCal/mol，该数值恰好与水正四面体结构中的三个氢键键能 （3 × 4.5 kCal/mol） 总和接近，可以说明当冰中水分子沿外加电场方向转动定向时，与之相连的三个氢键可能发生断裂。

表 2 – 3   水的介电松弛活化能

温度/℃	活化能/kCal · mol^{-1}
75	3.7
25	4.5
- 80 ~ 0	13.8

水分子以氢键结合组成分子链结构，使水具有较弱的导电性，其导电机理是水分子链中质子或氢离子在电场作用下沿着分子链从一个水分子跳到另一个水分子进行传导。因此，水是具有弱导电的电介质。根据庞小峰建立的质子传导理论可知，在外加磁场洛伦兹力的作用下，链状结构中质子的运动可形成环形电流元，具有一定磁性。众多环形分子电流之间存在磁场相互作用，并向外加电磁场方向偏转，从而改变水分子分布。

2.1.2 离子溶液电磁特性

在生物细胞、组织和器官中，大多数水是以稀释电解质溶液的形式存在，如生物体液中主要含有 Na^+、K^+、Ca^{2+}、Mg^{2+}、Cl^-、I^- 等。在人体中，盐溶液的重量百分比为 0.9%，临床医学中称为生理盐水或等渗溶液。表 2-4 给出了一些生物体中离子的含量。这些离子对生物液体介电常数的作用不只是等效于带电粒子取代一部分极性水分子的体积，且在每一被分解的离子周围的局部强电场对水分子有定向作用，这就减弱了水分子在外电场作用时所产生的取向旋转作用。离子溶液的介电常数可以用正负离子引起的介电增量之和 δ、纯水的介电常数 ε_1 以及离子溶液浓度来表示，即式 2-3。

$$\varepsilon = \varepsilon_1 - \delta c \qquad\qquad (2-3)$$

当浓度 c 小于 1 mol/l 时，各种离子在水中的 δ^+ 和 δ^- 见表 2-5。

表 2-4　生物体中各种主要离子的含量/10^{-3} mol^{-1}

	Na^+	K^+	Ca^{2+}	Mg^{2+}	Cl^-
高等植物细胞	14	119			65
海底无脊椎动物	370～550	7～24	8～21	8～58	430～590
陆生无脊椎动物	3～262	1～46	2～47	6～188	15～270
爬行动物和鸟类	130～180	3～6	2～6	1～2	103～148
哺乳类动物	145～166	3～6	2～10	1～2	100～118

表 2-5　离子在水中的介电增量和弛豫频率增量（$c < 1$ mol/l）

阳离子	δ^+	Δf^+（±）（GHz）	阴离子	δ^-	Δf^+（±）（GHz）
Na^+	8	0.44	Cl^-	3	0.44
K^+	8	0.44	F^-	5	0.44
Li^+	11	0.34	I^-	7	1.65
H^+	17	-0.34	SO_4^{2-}	7	1.2
Mg^{2+}	24	0.44	OH^-	13	0.24

当离子进入水中以后，由于水分子具有偶极特性和氢键性质，引起离子水合从而使水的正常结构发生变化，这是水在生命体中存在的第三种形式。X 衍射实验发现，NaCl 水溶液中，钠离子周围有 8 个水分子，水合离子半径为 0.276～0.360 nm；氯离子周围有 6 个水分子，水合离子半径为 0.324～332 nm。在稀释电解质溶液中，水分子由于受到离子强静电力的束缚而使其转动变得困难，从而影响水的介电性能。离子的静电力大小与离子半径有关，

离子半径越小，离子在水中的迁移率越小，这是由于离子周围的水分子被离子强烈的吸引形成水合离子，离子半径越小，静电吸引力就越大，与离子协同迁移的水分子越多，离子的水合半径就越大，迁移率就越小。

随着离子的加入，离子临近水分子被束缚住而不易转动，实际上减少了水中可极化偶极子的浓度，溶液的介电常数将低于纯水的介电常数。根据 Debye 等人提出的极化理论，认定在略低于微波频段范围内，稀释电解质溶液的相对介电常数高于纯水的介电常数，并随浓度的平方根值递增。Hulobovrol 等人对氯化钠等水溶液（0.02 mol/L）进行了 5~20 MHz 范围内介电参数的测量，验证了德拜极化理论，其内部机理可以认为是，在频率不是很高时，水分子沿外加电场方向将不仅是转动，还由于离子沿电场下的迁移，离子周围的水分子产生被动迁移运动，这些水分子的诱导偶极矩也将发生旋转定向，离子浓度越高，参与旋转定向的诱导偶极子就越多，表现出的宏观介电常数值就越高。

占生命体 70%~80% 的电解质溶液不但能与电场相互作用，也能与磁场或电磁场相互作用，磁场可改变水分子的分布，从而影响水的生物功能，出现明显的生物效应，这是磁场生物效应的另一种机制。

2.1.3　生物大分子的电磁特性

从化学角度看，生物物质是由 C、H、O、N、P、S、Fe 等元素构成的化合物组成。从生物学角度看，生物是由核酸和蛋白质等物质组成的多分子体系。核酸是一种高分子化合物，是细胞的重要组成成分。在细胞内，大部分核酸与蛋白质结合，也有少量是以游离态或与氨基酸结合的形式存在的。核酸可分为两类，即核糖核酸（RNA）和脱氧核糖核酸（DNA），后者主要存在于细胞核染色质中，是遗传物质的物质基础。根据分子结构的不同，核糖核酸可以分为核蛋白核糖核酸（rRNA）、信使核糖核酸（mRNA）和转运核糖核酸（tRNA），一起参与蛋白质的合成。蛋白质是构成生物体各种细胞、组织、器官和机体的主要成分，有组成细胞各结构和催化两种作用。生物体中所有的蛋白质均由 20 种氨基酸构成。

2.1.3.1　氨基酸的电磁特性

氨基酸是由 α 碳原子及结合在其上的氨基（—NH$_2$）、羧基（—COOH）和侧基构成的，不同的侧基构成不同的氨基酸，其化学结构为：

$$\begin{array}{ccc} & H & \\ & | & \\ R-C-COOH & \\ & | & \\ & NH_2 & \end{array} \qquad \begin{array}{ccc} & H & \\ & | & \\ R-C-COO^- & \\ & | & \\ & NH_3^+ & \end{array}$$

氨基酸分子以"脱水"缩合形成多肽链，经过盘曲折叠组成蛋白质的一维结构。这些氨基酸的侧链性质可以分为碱性、酸性、极性、中性及非极性（疏水性）。氨基酸的电荷和质量都不是完全对称分布的，即正负电荷中心不重合，因此氨基酸在水中会产生解离。氨基带正电，羧基带负电，由此导致氨基酸水溶液具有高的介电常数。由于两性离子的存在，氨基酸存在一定的固有电偶极矩 μ_D，可根据式 2-4 计算

$$\mu_D = qd \qquad\qquad (2-4)$$

式中：d 为羧基的两个原子间的负电荷到氨基的氮原子上的正电荷的距离；q 为电荷量，μ_D 的国际单位为 C·m 或者是德拜（D）。一般氨基酸具有大约 3.8D 的平均偶极矩，大于水分子的偶极矩。

对于氨基酸溶液来说，单位体积氨基酸的平均电偶极矩大于水分子的电偶极矩，因此，氨基酸溶液的介电常数比纯水的要大。氨基酸溶液的介电常数 ε 可以表示为：

$$\varepsilon = \varepsilon_1 + \delta c \qquad\qquad (2-5)$$

式 2-5 中，ε_1 为溶剂的介电常数；c 为溶质浓度；δ 表示极化率的增加，成为介电增量或称为电容率电增量。氨基酸水溶液的介电增量 δ 均为正值。

氨基酸的电偶极矩 μ_c 可以由式 2-6 表示

$$\mu_c = \sqrt{\mu_D p_D} \qquad\qquad (2-6)$$

式中：μ_D 是氨基酸分子的电偶极矩；P_D 是分子电偶极矩与其在临近分子上感应的电偶极矩之和。对于氨基酸的稀溶液，25℃时，有效电偶极矩可近似表示为

$$\mu_c = 3.3 \sqrt{\delta_0} \qquad\qquad (2-7)$$

式 2-7 中，δ_0 表示无限稀溶液中的 δ 值。

2.1.3.2 蛋白质的电磁特性

当众多氨基酸分子通过肽键结合在一起构成蛋白质时，这些氨基酸残基进一步极化，从而使蛋白质的偶极矩增加。在蛋白质分子中由于所有氨基酸分子都拥有残基，则它们所具有的有效偶极矩又会进一步增加。同时，单肽主链上各个键或基也具有一定偶极矩，如 N-C 为 0.22D，N-H 为 1.35D。

一些侧链极性基团上也具有一定偶极矩，如 – COOH 为 1.65D， – NH₂ 为 1.55D，而且，这些主链或侧链上的偶极矩的大小和方向随着外界条件的改变而变化。因此，具有一定电偶极矩的蛋白质是电磁场作用的靶点。对于构象不同的蛋白质分子，由于其中的相互作用不同，总偶极矩的大小和方向也不一样。在蛋白质分子结构中的氢键和酰胺键（C＝O）是具有电特性的基团，于是它们也是电磁场作用的位点。蛋白质分子的形态主要依赖于它与周围介质（水或其他分子）的相互作用，因此，在不同的外界条件下，同样的蛋白质可以具有不同的构象和不同的电偶极矩，见表 2 – 6。

表 2 – 6　几种蛋白质的偶极矩

蛋白质	溶剂	μ_c/D
碳氧血红蛋白	水	480
肌红蛋白	水	170
胰岛素	含水 80% 的丙二醇	360
胰岛素	丙二醇	300
卵白蛋白	水	250
血清白蛋白	水	380

在生物体中，易与水分子相互作用的蛋白质分子的偶极矩会发生明显变化，此时，蛋白质偶极矩可以表示为式 2 – 8：

$$\mu = q \sum_n q_n r_n + \int_u \rho(r) r \mathrm{d}v \qquad (2-8)$$

式 2 – 8 中，第一项表示带电羧基和氨基分布所决定的电偶极矩，其中 q_n 是第 n 个基团上的平均电荷，q 为质子电量，它包含了由于水合作用引起的带电部分的改变。第二项是由水合作用引起蛋白质内部电荷分布变化所产生的有效偶极矩。蛋白质的偶极矩所具有的这种介电特性是电磁场对蛋白质分子作用的基本前提。其他影响蛋白质介电特性的因素还包括围绕蛋白质分子形成的扩散偶电层的弛豫和束缚于蛋白质上的离子运动产生的电导。

2.1.3.3　DNA（或 RNA）的电磁特性

脱氧核糖核酸（核糖核酸）是构成 DNA（RNA）分子的基本单位，它们通过化学键连接形成脱氧核苷酸链，每个 DNA 分子由两条脱氧核苷酸链组成，DNA 中含有四种碱基，分别为腺嘌呤（A）、胸腺嘧啶（T）、胞嘧啶（C）和鸟嘌呤（G）。1999 年 H. W. Fink 等人直接测量了 DNA 分子导电性，结果发现 DNA 片段在长度为 1 μm 时，电阻大约为 1 MΩ，可以将 DNA 看做绝缘体。由于 DNA 内部运动或变形非常复杂，甚至可以利用其他原子或离子（如 H 原子）取代某人位置而改变 DNA 分子的导电性，从而在一定程度上改变 DNA 电偶极矩，如，碱基对 A－T 和 G－C 的电偶极矩分别为 5.80～5.96D 和 6.11～6.21D。

DNA 的电磁特性与脱氧核糖核苷酸链中电荷（电子）转移相关，电子传递可以分为从一个分子传递到另一个分子，以及在一个分子内从一端传递到另一端。例如，在蛋白质分子上，可能某一端具有"亲电子"特性，另一端则是具有"给电子"特性。电子从供体传递至受体的机制可以通过下述两种方式进行解释。

其一，因为量子隧道效应，电子以单一步骤从一端直接移至另一端。该过程中没有发生能量转换，称为谐振。另一种与分子内部原子的运动方式相关。分子内部的电子供体和受体会因为分子内部原子相对运动而相互靠近，此时可能发生电子转移。因为分子内部原子的运动会导致部分电子的能量转化成分子的动能，即热能，一般称这种电子转移方式为热激化。

DNA 中的 G－C 碱基配对具有的位能较低，较稳定，因此 G－C 对电子的吸引力更强。双螺旋的 DNA 中，电子转移一般通过 G－C 配对。电子可通过隧道效应导致部分电子穿过阻力较大的 A－T 配对。此外，当两个 G－C 碱基对之间距离过长时，电荷转移主要是靠 DNA 本身的扭动作用使两个 G－C 对靠近，电荷的转移才较容易发生。

2.2　生物膜的电磁特性

所有活细胞的细胞膜内外电荷呈不均匀分布，这种不均匀分布造成的膜内外电位差称为膜电位。细胞浆与胞外的组织液均含有大量的电解质，故主要是离子导电。生物膜是信息传递的重要接口，亦是对外界电磁环境干扰的敏感"靶点"之一。信号转导、物质运输、能量传递、吸收分泌、神经兴奋性传导等生理功能，都是通过细胞膜完成的。一般来说，外界电磁辐射以感应耦合的方式影响细胞膜；而内部的电磁场，则可通过传导耦合的方式产生干扰，如神经元和心肌细胞中的异常或异位的电兴奋，是癫痫与心律不齐的原因。因此生物膜的结构与电磁特性是了解生物体内外环境电磁兼容性的必要基础。

2.2.1 细胞膜的结构模型

2.2.1.1 早期模型

（1）细胞膜的脂双层概念 1925 年 Gorter 等人用丙酮提取红细胞膜脂，将其放入空气 – 水界面，呈现一单层结构，发现其面积刚好是红细胞面积的两倍，故认为脂类在红细胞膜上是双层排列的。

（2）细胞膜片层结构 1935 年，Danielli 和 Davson 提出片层结构学说，又称三明治式模型，这一模型是第一次用分子术语描述的结构，并将膜结构同所观察的生物化学性质联系起来。该学说认为，膜的骨架是脂肪形成的脂双层结构，脂双层的内外两侧都是由一层蛋白质包被，即蛋白质 – 脂 – 蛋白质双层结构，内外两层的蛋白质层都非常薄。并且，蛋白层是以非折叠、完全伸展的肽键形式包在脂双层的内外两侧。1954 年对该模型进行了修改：膜上有一些二维伸展的孔，孔的表面也是由蛋白质包被的，这样使孔具有极性，可提高膜的通透性。脂双层疏水部分（非极性端）彼此相对，极性端（亲水部分）在两侧，而球蛋白分子则附着于脂类分子的每一极性端，见图 2 – 5 所示。

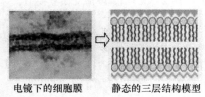

电镜下的细胞膜　　　　静态的三层结构模型

图 2 – 5　细胞膜片层结构模型

（3）单位膜学说 1959 年 Robertson 用电镜观察髓鞘，发现细胞膜经四氧化锇固定后都表现为两暗层夹一明层的结构，对片层结构进行修正后，提出单位膜学说，认为膜蛋白不是球蛋白，而是 β 折叠结构，而且膜两侧蛋白分布不均匀，认为两个暗层是蛋白质与脂分子极性部分，而明层是脂的非极性端。

2.2.1.2 流动镶嵌模型

Singer 和 Nicolson 在 1972 年提出流动镶嵌模型，认为细胞膜是一种流动的、以液晶态的双层脂类分子为基本框架，其上嵌有蛋白质"液态镶嵌结构"。流动镶嵌模型的一个重要观点是细胞膜不是静息的，膜中的脂类及蛋白质分子都在不停地运动，细胞膜具有流动性。膜中的蛋白质主要是 α – 螺旋结构，如钠 – 钾泵等。蛋白质分子有的镶嵌在脂类双分子层之间，即"跨膜蛋白"，有的只附着于脂类双层表面，为"表面蛋白"，见图 2 – 6 所示。

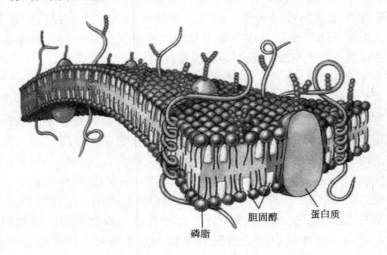

图 2 – 6　细胞膜流动镶嵌模型

（1）双脂层：双脂层是由脂类分子与水的亲水相互作用（静电力）及脂类分子之间的疏水相互作用（即范德华力）而形成的双层结构，有灵动性，起间隔、界面、反应面及保护（蛋白）作用。

（2）蛋白质：细胞的功能越复杂时，细胞膜上蛋白比例越高。比如神经纤维的髓鞘中蛋白/脂类为 0.28，仅仅起到绝缘作用；而腺粒体内膜的蛋白/脂类为 3.55，其上有大量的负责电子传递的细胞色素和酶类，是生产能量（ATP）的主要场所。

（3）糖类：糖类多跟脂及蛋白质相结合，分布于膜外侧。糖类跟大多数细胞的表面行为有关，在细胞间的相互识别方面有重要作用。

（4）结合水层及离子：细胞膜表面吸附了几层的结合水分子和一些离子。

（5）蛋白和脂类的功能相关性：$Na^+ – K^+$ ATPase（钠 – 钾泵）是嵌入蛋白，必须有其周围的脂类分子才能发挥作用。

2.2.2　细胞膜的电磁特性

细胞作为构成生物体的最基本结构单位，其框架的特性决定了诸多组织的电学特性。真核生物细胞的外层为细胞膜，把细胞与外界体液分开，不同细胞由于外形结构和组成成分不同，其组成的生物组织在宏观上也表现出不同的电学特性。细胞膜由于其成分组成比较复杂，因而也具有复杂的电磁学特性，其中镶嵌于膜上的极性类脂分子具有一定的电偶极矩，膜内存在着大量的带电蛋白质分子和生物小分子，因此细胞内具有大量不同电偶极矩的电介质，可以与较宽频率范围的电磁场相互作用，电磁场对生物体作用的生物学效应大多是通过对细胞的作用来实现的，细胞膜具有低漏电特性，在电磁场的作用下，细胞膜表面会产生极化现象，如图 2 - 7 所示，细胞膜内部会结合一些水分子，增加了膜的介电常数，膜内镶嵌蛋白质因为分子量比较大，所以对于细胞膜总的极化特性的改变较小。

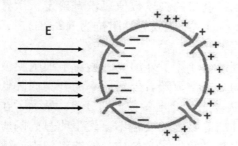

图 2 - 7　电场作用下细胞极化示意图

　　细胞间质是存在于细胞与细胞之间的物质。一般来说包括：纤维，基质（其成分、状态因组织的不同而不同），组织液（水、营养物和代谢产物等一些流体物质）。组织液处于不断的循环更新和变化中，可以是液态或者胶态，如血浆；也可以是固态，如纤维状物质。由于细胞间质中存在着很多的离子成分，所以具有较好的导电特性。细胞膜是一种选择性透过膜，允许部分离子经离子通道通过，但对于外加驱动电流来说，离子通道电流的大小可以忽略，因而细胞膜在外加直流或低频驱动电流时被认为是电介质，具有显著的介电特性，在高频时，细胞膜之间形成的分布电容可以导通电流。细胞外液和细胞内液则是电解质溶液，具有较好的导电性能。因而从生物组织结构上来讲，细胞间质、细胞内液的成分以及细胞膜的活性都可对组织的电特性产生影响。

　　细胞膜两侧由于离子类型以及浓度的不同，会导致细胞膜内外电位的不同，即膜静息电位，在外场作用下，静息电位的幅值会发生变化，这对于细胞膜的选择通透性会产生一定的影响。随着频率的升高，膜阻抗会下降，当外场频率大于 100 MHz 时，细胞膜的阻抗特性与细胞液阻抗特性相近，此时细胞膜的充电效应会随着频率的升高而快速的下降，其反映的是细胞间和细胞内电解质的介电特性。

电磁场对生物体所产生的生物学效应是电磁场通过对细胞膜的作用来实现的，细胞膜具有低漏电特性，在外加电场的作用下，细胞膜表面会产生极化现象，该极化结果可能会对膜离子选择性通透的特点产生一定的影响。Caterina 等人在理论上研究了红细胞的电磁特性，通过建立细胞膜的电磁学模型对细胞膜的介电常数进行了理论计算，并进一步证实了细胞膜在极化状态下对于外加电场频率的依赖情况。虽然有众多学者对于生物组织电学特性进行研究，但是对于细胞膜电阻的具体数值还没有确定，学界通常认为细胞膜电阻率为 $10^{13} \sim 10^{15} \ \Omega \cdot cm$，细胞膜容性阻抗为 $(2\pi fC)^{-1}$，即认为随着频率的升高，膜阻抗会下降。

Prodan 等人从理论上计算了外加电磁场对于细胞膜极化特性的影响，研究结果显示细胞膜的介电常数随着外场频率的升高而降低，当细胞膜处于高频（$f > 10^5$ Hz）电磁场中其介电常数趋近于 0，显示了在高频范围内，细胞膜的组成成分随着外加电磁场的变化不会发生明显的响应，也说明了高频电磁场对细胞不会产生明显的生物学效应。能够对细胞产生生物学效应的主要是低频电磁场，且频率越低的电磁场的生物效应越明显。W. R. Aday 在研究电磁场影响 PTH 信号的跨膜转导时曾用实验探索了低频电磁场的作用靶点，实验结果表明：在对照组 PTH 与其受体的结合水平并未表现出显著性差异。另外 Aday 对维生素 D_3 外加同样的低频电磁场，实验结果表明：低频电磁场减弱维生素 D_3 抑制骨细胞内胶原蛋白的合成作用。因此，细胞膜是低频电磁场的作用靶点。

Sonja 等人在理论上建立了一个可靠的细胞组织模型，考虑了离子通道、蛋白质和细胞器等方面的影响因素。研究结果认为，在兆赫范围电磁场作用下，生物组织的介电色散特性是由细胞膜的界面极化所致，且处于极化状态下的细胞膜内外带电离子浓度会随磁场发生明显的变化。因此，外加电磁场对细胞膜的极化可以对细胞跨膜分子的特性产生影响，也会对于细胞内外物质交换产生影响。

2.2.3　细胞膜的等效电路

细胞膜的基架结构是双脂层，对亲水性离子有一定的阻挡作用，细胞在电学上等效于一个电阻元件，即细胞膜具有电阻特性。许多细胞，特别是可兴奋细胞，如神经肌肉细胞的质膜，对不同离子的通透性有相当大的差别，而且这些通透性受离子浓度和膜电位的影响，所以细胞膜的电阻是很复杂的。由于董南平衡效应的作用及离子泵的工作，可通透细胞膜的小离子在细胞内外存在浓度差和电位差。因此，细胞膜在电学上亦等效于一个电池，即细胞膜具有电池特性。

细胞膜内外有电位差时，膜的内外两侧有不同离子的电荷集聚，使细胞膜在电学上还等效于一个平行板电容器，即细胞膜具有电容特性。根据细胞膜的组成和结构及其内外环境的特点，细胞膜上的上述等效电路，见图 2-8 所示。图中 R_m 代表膜电阻，E_m 代表膜电位。C_m 代表膜电容。对于纤维状的神经细胞还应该考虑细胞外液电阻 R_o 和胞浆电阻 R_i，这就形成了图 2-9 中所描述的神经细胞膜的等效电路。

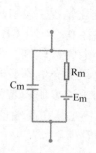

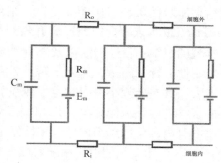

图 2-8　单元膜的等效电路　　　　　图 2-9　神经细胞膜的等效电路

早期对膜电位的研究，是把细胞膜看做一个热力学平衡系统，离子浓度梯度和由其产生的电位差之间的关系，用 Nernst 方程来描述。可兴奋细胞发生兴奋时，由于细胞膜对离子的通透性发生改变，使静息电位发生短时间的极性翻转，然后再慢慢地恢复到极化状态，形成动作电位。Hodgkin-Huxley 方程就是描写乌贼巨大神经纤维发生兴奋时，以 Na^+ 和 K^+ 通透性动态变化为基础推导出来的动作电位变化时程的经验方程式，即 H-H 方程。实验证明，神经膜发生兴奋时，其膜电阻会发生变化。例如，乌贼粗大神经纤维的膜电阻在静息时约为 1 000 Ω/cm^2，在兴奋后可下降到 25 Ω/cm^2。膜电阻的下降是由于膜对离子的通透性上升所致。

2.3　生物体的电特性

2.3.1　导电特性

人体组织的导电特性是其重要的电磁性质之一，对于皮肤组织导电特性的研究较多，但是对生物体内部组织导电特性的研究比较少，原因是开展在体测量更为困难。在理论方面，Rosa 等人研究了自然环境中各类电磁场对于不同细胞的影响，并对地磁场以及雷电与细胞之间的相互作用进行了较为深入的研究。在动物实验方面，Tutku 等人分别测定了 402～405 MHz 和 2.4～2.48 GHz 范围内大鼠多种组织的电导率，Rourke 等人分别对于正常肝组织、恶性肿瘤肝组织和肝硬化肝组织的导电特性进行了在体测量和体外测量，研究结果显示在 0.5～20 GHz 范围内肝组织的电导率随着频率的增加而增加，Haemmerich 等人专门研究了肝肿瘤组织导电性的变化情况。Mariya 等人对于正常乳腺组织、良性肿瘤以及恶性肿瘤的乳腺组织在 0.5～20 GHz 范围内的导电特性进行了测量，研究发现恶性肿瘤组织的介电常数较高，但是随着频率增大，其差异较小，同时也发现良性肿瘤乳腺组织的介电常数与含水量较高的正常乳腺组织的介电特性相似。众多的研究结论均表明随着外加电磁场频率的升高，生物组织的导电特性发生较大的变化，尤其在高频范围内（$f >$ 10^5 Hz），生物组织的电导率随着频率的升高而迅速升高。

2.3.2　介电特性

电介质的特征是以正、负电荷中心不重合的电极化方式传递、存储或记录电的作用和影响，其中起主要作用的是束缚电荷。电介质内部的束缚电荷在电场（包括光频电场）、应力、温度等作用下都可以产生电极化现象。生物物质与一般电介质虽然在结构上有所不同，但总体上都服从于电介质物理学的一般规律，阐明其电极化规律与介质结构的关系，揭示介质宏观介电特性的微观机制，同时也研究测量电介质性质的方法以及各种电介质的性能，将极大地推进生物电磁学的发展与应用。

生物组织介电谱揭示了组织在电磁场中对电磁能的吸收和耦合的特性，与外电场频率相关。生物组织的介电特性要用复介电常数来描述，公式 2-8。部分组织的介电常数随频率的变化，见表 2-7。

$$\varepsilon_r = \varepsilon'_r - \varepsilon''_r \tag{2-8}$$

　　Schwan 第一次对生物组织介电谱做出理论解释，提出"颗粒悬浮介电响应模型"至今仍被认为是有效的。该模型认为组织可以看做导电介质（细胞外液）中悬浮着球形颗粒（细胞），球形颗粒表面是不导电或极微弱导电的细胞壁，球形颗粒里面填充导电的细胞内液。细胞膜在电磁场中呈电容性。在外电场作用下，细胞膜内或膜与导电细胞液之间的界面上形成束缚偶极子或固有偶极子沿电场方向的取向，即细胞膜产生极化。因为细胞膜中含有极性分子，具有固有偶极矩，无电场时可能出于无序分布状态，但外电场作用下产生极化，意味着存在电荷的移动，这种位移并不总能瞬时地跟随外电场变化，因此表现出能量损耗。随着交变电场频率的增加，产生的束缚偶极子的越来越少，固有偶极子也跟不上外电场变化，从而产生介电色散，即表现出与电偶极子或细胞膜双电层松弛极化有关的介电损耗。

表 2 - 7　不同频率下部分组织的介电常数

组织	介电常数 $\varepsilon/1000$			
	0.01 kHz	0.1 kHz	1 kHz	10 kHz
肺	<3 000	450	90	30
肝	<3 000	900	150	50
肌肉	<3 000	800	130	50
心肌	<3 000	800	300	100
脂肪		150	50	20

　　生物组织具有介电色散特性，即由于电偶极子或者偶电层介电弛豫所造成的介电损耗特性。Patrick 等人从理论上分析研究了生物体介电常数、电磁场幅值以及频率对生物体吸收电磁剂量的影响，将不同数值的生物体介电常数对于电磁场的吸收特性的影响进行了比较，确定了生物体介电常数对生物体电磁吸收剂量的具体影响的关系。在静电场情况下，生物组织的介电常数是固定的，而实际环境中存在的电磁场大都是时变场，所以需要进一步考察在时变场环境下生物组织的介电特性，Grant 和 Tamuta 等人分别对人体活体皮肤的电导率进行了测量，结果显示随着外场频率的增加，人体皮肤的电导率呈现下降的趋势。当然，人体不同部位的皮肤的电磁特性也有所不同，例如手掌部位由于存在着丰富的汗腺而具有较高的介电率。在电磁场对人体内部组织电磁特性影响方面，Tofighi 研究了肌肉和脂肪组织在 0.5 ~ 30 GHz 频段的介电色散特性，Asami 研究了细胞破坏对其介电特性的影响，结果表明在细

胞破坏时会产生介电松弛现象，说明细胞膜对于维持细胞介电特性具有独特的作用。Rourke 等人研究了频率在 0.5 到 20 GHz 范围内的电磁场对于人体正常组织以及肝硬化肝组织介电特性的影响，分别进行了在体测量和体外测量，统计结果显示，在体测量和体外测量有显著差异。

频率效应可以反应在生物组织的介电特性上，随着频率的增加（1 Hz ~ 10 GHz），介电常数的变化呈现出 α、β、γ 三个色散区，每一色散可以用一个松弛频率或一个松弛频率谱来定量描述，组织典型的介电谱如图 2 - 10 所示。

α 色散区（<10^3 Hz），具有极高的介电常数，这与生物组织本征介电特性相关。非常大的介电常数数值表明这不是组织材料的本征色散特性，而可能是由细胞周围的偶电层弛豫以及与细胞膜表面的离子传导效应引起的。活组织的色散受细胞跨膜电位的影响，各种对跨膜离子输送起作用的生理过程对之也有影响，因此，α 色散能够反映组织的某些病变特性。Schwan 对肌肉组织的 α 色散进行了测量，发现组织切下后在 1 kHz 处的介电常数和电阻率逐渐变小，这与细胞膜的生理活性和完整性的逐渐丧失相一致。Singh 等发现，肿瘤组织的介电常数比正常组织的大，电导亦然。Kosterrich 等研究结果表明，新鲜鼠股骨切片介电常数在 10 Hz 时为 10^4 数量级，而在 1 Hz 处下降到约 100。

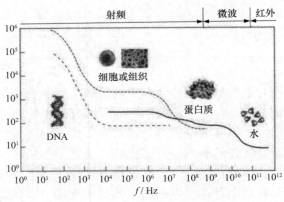

图 2 - 10　生物材料介电谱示意图

β 色散（10^3 ~ 10^7 Hz）与膜电荷（膜上结合离子和酸性基团）、细胞壁中的偶极子松弛、贯穿壁的电导及细胞外介质中的电导等有关。目前认为主要的贡献来源为：（1）膜电阻的容性短路；（2）生物高分子的旋转松弛相关。许多生物介质本身不具有永久偶极矩，但表现出相当大的介电常数，主要是由于作为细胞内外离子流动屏障的细胞膜 Maxwell – Wagner 效应引起的，即界面极化理论。β 色散能够反映细胞膜的完整性和细胞的生死状况。但由于低频测量中存在电导率大、电极极化等问题，使得测量结果的稳定性和精确性受到影响。

生物组织在低频区有很大的介电常数，一般在 10^7 Hz 数量级，表明细胞的介电行为不单纯是细胞膜的特性。准静电场作用下，细胞壁是不导电的或弱导电的，电流途径只需考虑导电性最好的细胞，其他细胞可以看做绝缘体，细胞外液作为电流连通载体。假如单个细胞，半径为 10 μm，则对于 1 cm 生物组织中串联有 1 000 个细胞，组织电容下降至细胞的 1/1000，即介电常数从 10^7 Hz 下降至 10^4 Hz，正好是 β 色散区的数量级，此时生物组织的介电特性主要由于相互串联的细胞单元构成的不均系统中产生的界面极化引起的。随着频率的增加，在生物组织的等效电路中，容性短路掩盖了阻抗成分，在大于 10^8 Hz 时，细胞膜电容被短路，此时组织介电谱反映的是细胞内外电解质性质。

γ 色散（ $< 10^9$ Hz）主要由自由水分子偶极转向引起的，在高频微波段的应用更为广泛。组织中大量水分子偶极子表现出偶极松弛极化，水分子的偶极取向来不及发生，组织由于松弛损耗而产生热效应。因此，γ 色散可以反映组织的含水量。

除了主要色散外，还会出现处于 α 和 β 色散之间的次级色散，即 δ 色散，可能是亚细胞水平上的界面极化的结果，与大分子（蛋白质）和脂类分子的偶极转动及与其结合的水等有关。

2.4　生物体的磁特性

大量研究表明，某些生物从原居处远行后再回到原居处，是与地球磁场相关的。生物体可以分为抗磁质、顺磁质和铁磁质，其产生原因可归结为：

（1）传导载流子的定向迁移或运动产生的顺磁性

离子在细胞膜通道中的定向迁移产生传导电流，在蛋白质分子和水中质子沿氢键链或环的定向运动产生质子电流，电子在线粒体、叶绿素及脱氧核糖核酸分子上的迁移都会产生一定的磁性。当细胞、组织受到电磁场刺激时，会产生离子电流，从而改变生物膜的离子通透性，诱发细胞的动作电位，它在各种组织细胞间传播形成随时间变化的生物电流，进而在周围产生生物磁场。实际上，生物体内电流强度和方向的分布相当复杂，因此磁场大小和方向也随时在改变。

（2）生物组织中的磁性元素和化合物

地球上的一切生物体都处于磁场之中，生物组织的磁性可通过外加电磁场使之磁化来进行测量，绝大部分生物组织会表现出微弱的抗磁性，组成生物的分子或者原子都有多个电子轨道，电子在围绕电子轨道绕核运动的同时会作自旋运动，这种自旋运动将会产生相应的磁矩，当生物分子处于外加电磁场中时，磁矩就会受到电磁场的作用，进而会由于发生取向的改变而表现出磁特性，但有些含有过渡金属（Fe、Co、Cu 等）离子或颗粒的生物组织处于电磁场中会表现出顺磁性，与电学特性相比，生物组织的磁学特性更为复杂。人体内由于外界入侵的磁颗粒也会使组织表现出顺磁性（如铁矿石粉末通过呼吸道进入肺部可以产生肺磁，神经、肌肉等组织活动时电传导也可以产生磁场）。例如：未同氧结合的血红蛋白为顺磁性，但同氧结合后则变为抗磁性。含自由基或在生化反应中，生物大分子中的共价键在外场下分裂成的自由基，受辐射损伤的材料都含有电子，其自旋和磁矩没有抵消因而具有一净自旋和净磁矩，从而呈现出一定的顺磁性。许多生物组织，如肝脏、脾脏等在外场作用下可产生感应磁场，从而表现出磁性。水也是磁场作用对象之一，在外磁场作用下可以产生顺磁性，并且大多数生物组织也具有抗磁性。

（3）家鸽、鲑鱼、趋磁细菌以及人等体内都含有磁颗粒 Fe_3O_4 和 Fe 等强磁性物质，其在生物的定向导航中起着重要作用。Pannetier 等人近年来还开展了微磁测量技术，给体内磁颗粒的测量带来了新的手段。Zhao 等人提出了表征趋磁细菌磁性的参数，并通过改造分光光度计增加磁发生装置，在未改变细菌形态的基础上研究了趋磁细菌在脉冲磁场作用下的磁特性，为研究体内磁颗粒的形成提供了有效的手段。Ritz 等人通过研究认为许多鸟类可以感受地磁场，因而可以被无线电波干扰，鸟类可能是利用眼睛系统的感光色素感应地磁场，进而实现其辨别方向的功能，磁感受的生物学发生机制及其信号传导通路是当前电磁学研究的一个热点问题。另外，趋磁细菌中的磁小体以其独特的生物学特性可以广泛应用于生物技术、医学诊断和治疗、生物细胞及发酵产物的磁分离技术、废水处理、矿物分选，其纳米数量级的磁颗粒作为新一代的磁性存储材料也有很大的发展前景。在利用趋磁细菌中的磁小体前，检测含磁小体的细菌占全部细菌的百分比是十分必要的。趋磁细菌中磁小体生成机制的研究对明确生物的磁响应机制、生物矿质化等都有重要意义，因此表征趋磁细菌中磁小体磁特性的方法也是一项重要的生物技术。

第3章 电磁辐射生物效应的作用机制

电磁波与生物体可以相互作用，且可以为生物体物质所吸收，并随进入生物体深度的增加，其强度将逐渐减弱。电磁场进入机体的深度与诸多因素相关，如电磁波的波段、电流形式（脉冲或连续），电磁波进入机体的角度（如入射角），组织的含水量、组织类别、组织的介电常数和电导率等。电磁波由空气进入机体，由于机体各种组织介电常数与电导率完全不同于空气，电磁波在机体表面还会发生反射、散射，只有少部分能量进入组织中，且场强、波长及波的传播方向均会发生变化。

从相互作用机理的观点出发，电磁场生物效应可分为热效应和非热效应。在以往半个世纪的研究中，人们大部分的精力用于研究电磁场的热效应，即生物体吸收电磁场的能量后，产生整体或局部的体温升高，从而产生的各种生物效应，目前这方面的研究工作及其应用已趋于完善。

3.1 电磁场的热效应

当生物体受到一定强度的射频辐射并将其吸收后，机体组织温度升高，若温度升高过多或持续时间较长，则可引起一系列生理、生化或组织形态学的改变，如酶的灭活、蛋白质变性、生物膜通透性或激素形成方面的改变，进而导致细胞的杀伤，这种效应称为电磁波的热效应。

人体内70%是水，且所含各种组织、细胞、体液等均由大量的分子、离子组成。分子可分为极性分子和非极性分子，前者指其内部正、负电荷中心分离，后者的正、负电荷中心暂且重合。离子则是分子或分子团、原子或原子团失去或得到电子而成为带电的正离子或负离子。当电磁波作用到生物组织时，受到了外加电磁场的作用，将发生以下两种机制的热效应。

（1）欧姆加热效应：其加热原理是电流流经电阻时电阻生热。当人体内部的自由电子、离子即沿外加电场、磁场力的方向运动，引起定向传导电流或局部涡旋电流，这些电流与生物组织的电阻抗相互作用，产生欧姆加热效应。

（2）波动能量加热效应：其加热原理为物体之间摩擦生热。在电场作用下，非极性分子的正负电荷分别朝相反的方向运动，使分子发生极化作用。在电场作用下，极性分子发生重新排列，这种作用称为偶极子的取向作用。当施加交变电磁场时，使得偶极子沿电场的方向发生取向作用，从而产生位移电流，在取向过程中，由于偶极子与周围分子或粒子发生碰撞、摩擦而产生大量的热。频率很高时，可使组织的带电胶体颗粒、电解质离子形成谐振，与周围介质产生快速振荡摩擦而产热。此外，机体某些成分如体液等，在不同程度上具有闭合回路的性质，还可产生局部感应涡流导致生热。

极性分子则在交变电磁场的作用下随其频率作振动，非极性分子因为电磁场的作用变成极化分子也随电磁场的频率作振动，结果使分子内能增加，即产生波动能量加热效应。无论是电子、离子的定向或涡旋运动还是极化分子的高频振动，都要加剧离子间、极化分子之间以及离子与极化分子的相互摩擦，这些摩擦都会产生热效应。至于欧姆加热效应为主，还是波动能量加热效应为主，这取决于所施加电磁波的频率。

一般说来，生物体组织既具有介电特性，又有导电特性，究竟以哪种性质为主，这取决于生物体特征频率的 f_c 值与外加交变电磁场的频率。设外加电磁场的频率为 f，则有：

当 $f < <f_c$ 时，介质的电阻抗较小，可看作导电体；当 $f> >f_c$ 时，介质的电阻抗较大，可看作介电体。对于第一种情况生物体内会流过较强的电流。为此低频电磁波对生物体来说以欧姆加热效应为主；对于第二种情况生物体内流过的电流很微弱，极性分子在高频电磁场的作用下高频振动成为主要倾向，此时以波动能量加热效应为主。不管是那一种效应的加热，都表现为生物组织对电磁波能量的吸收，将电磁波能量转换为热能，使生物组织的温度升高。

3.2 电磁场的非热效应

近十多年来，人们把研究目标集中于研究电磁场的非热效应，即当生物体吸收电磁场的能量后，产生的不可归属于温度变化的生物学变化，也称为场的特异性效应。非热效应多发生在远离平衡态的条件下，生物体对一定条件的电磁场的响应是非线性的，并表现出频率特异性和功率特异性，其效应的能源来自生物体内部，而外部电磁场仅起触发信号的作用。非热电磁生物效应是一种场致微观效应的宏观结果。因此研究非热电磁生物效应机理必须深入到微观世界，研究电磁场与生物大分子等微观粒子的相互作用。在总结前人大量研究结果的基础上，提出了生物代谢动态过程中的"电磁干扰假说"，以解释非热电磁生物效应的机理。非热效应机理研究的目的在于以基本的物理学和生物学原理为基础来说明在电磁波作用下为什么会产生某种生物效应。

弱电磁场产生的非热生物效应是电磁场对生物代谢动态过程干扰的结果，它来自于电磁场对离子、生物大分子和化学键的作用。由于洛伦兹力 $F = qE + q\,(v \times B)$ 的影响，其中 q 为离子电荷，v 为离子运动的速度，E、B 分别表示电场强度和磁场强度。电磁场对生物组中离子的作用，特别是离子键的形成过程中，当正负离子相距 1 000Å 时，平均功率密度为 1 mW/cm^2 的电磁辐射对离子的作用与离子间的相互作用力相当，也就是说电磁场对离子的洛伦兹力作用可以影响离子键的形成。一旦离子键形成后这种洛伦兹力的作用与离子键相比则是可以忽略的，因此我们说弱电磁场的作用是对动态过程的干扰。弱电磁场产生的生物效应归结于其对离子、生物大分子和化学键等微观结构的作用通过新陈代谢而得到放大，从而产生宏观的生物学效应。

电磁场非热效应是一个很宽泛的概念，因而对于非热效应机理也不可能用单一的理论给予描述。而机理的产生总是建立在实验规律总结的基础之上。基于 Webb 等人的实验结果，才产生了 Frhlich 相干电振荡理论，正是由于 Blackman 等人的实验结果，才有了 Liboff 等人提出的回旋谐振理论。

3.2.1　谐振效应理论

基于电磁场生物效应的频率窗口效应和功率窗口效应，提出了电磁能量的谐振效应理论，并根据非线性动力学理论，给出了谐振效应理论的生物学、物理学和数学基础。从生物学角度来看，非线性的稳定振动意味着新陈代谢能量是生物系统产生特殊活动状态的原因，电磁信号仅是生物效应的出发信号，即生物体对电磁场的特异效应的大部分能量是生物系统本身提供的；从物理学角度来看，非线性的稳定振动过程储存着相应响应所需的能量，而外部电磁场仅起到触发特异响应的作用；从数学角度来看，非线性的稳定振动是非线性动力学方程的特解。

谐振效应理论包括两种模型：即 Ver der pol 振子模型和膜内相干振荡模型。Ver der pol 振子模型解释了电磁场生物效应中的"频率窗效应"和弱场具有高灵敏度，即小振幅振动在弱小的外部力作用下将完全"崩溃"，但大振幅振动在外部力干扰下却表现出相当的稳定性。膜内相干振动模型提出，如果给一组非线性的耦合振子提供高于某一阈值的能量，则激发系统的最低简振模式，产生远程吸引作用。周期性的外部作用可在这两种自维持振动系统上引起非线性振动行为，而且振动行为均表现出明显的对外部作用频率和强度的依赖性，由此就可能说明出现"频率窗"效应，以及适当频率的弱场会产生强烈的生物效应的原因。根据谐振效应理论，可认为"频率窗"效应是自维持生物振荡系统非线性谐振效应的必然结果，而弱场之所以能产生强的生物效应是因为弱场仅起触发信号的作用，非线性谐振效应的结果可使与一定生物活性对应的极限环崩溃，而真正引起生物效应的是极限环内部储存的比触发信号大得多的系统内部能量。

3.2.2 相干电振荡理论

Webb 等人发现大肠杆菌对 64 ~ 75 GHz 波段内的某些频率的微波有特异性吸收并产生相应的生物效应。生物系统的相干电振荡模型是由 Frohlich 提出，即针对大肠杆菌只对 64 ~ 75 GHz 频段内的电磁波中的某几个频率电磁波产生强烈的吸收并促进或抑制增殖而提出的，由于活细胞内外存在 10^2 mV 量级的电位差，即细胞的静息膜电位，而细胞膜的厚度约为 5 ~ 10 nm，因而约有 10^7 V/m 量级的电场作用于细胞膜使其处于极强的极化状态。另一方面，膜的力学特性决定了它的弹性与 10^3 m/s 的声速对应，由于当膜作纵向振动时，相应谐振的半波长应等于膜的厚度，从而推知谐振频率为 10^{11} Hz 量级。而且，DNA 和 RNA 等大分子及其复合物也具有大小不同的偶极矩，它们也具有一定振荡频率。

综合考虑，处于极强极化状态的膜的每一部分都有一个电偶极子与之对应，当膜作纵向振动时，电偶极子亦作振动，而处于振动状态的电偶极子则相当于一个电偶极子天线辐射电磁波，当膜在纵向上发生谐振时，将辐射出频率与谐振频率相等的量级为 10^{11} Hz 的电磁波。膜上各部分的偶极振动形成了一个复杂偶极振荡系统。各振荡偶极间存在有远程的、有选择性的相互吸引作用的相干电振荡，相干电振荡频率即为上述的 10^{11} Hz 量级。不同分化细胞的相干电振荡频率不同，但处在 10^{10} ~ 10^{12} Hz 之间。生理状态下，相干电振荡的最低简正模由生物系统的新陈代谢能激发，但从振荡系统的物理学角度讲，只要存在有上述的相干偶极振荡系统，则对最低简正模的激发与激发方式无关，这意味着，满足一定条件的电磁波亦可对上述系统的最低简正模进行激发。一种细胞的某种状态（正常的或异常的）的相干电振荡与某一特定频率的简正模式对应，反之该种细胞的该种状态依靠着这一特定的简正模式维持，而这一简正模式既可由生物系统的新陈代谢能激发，也可由满足相应条件的电磁波激发，因而处于该状态的这种细胞只吸收特定参数的电磁波，或者，当该细胞吸收了能够激发另一种状态简正模式的电磁波之后，可使其由原来的状态转变为另一种状态。各状态的简正模式的频率是离散的，因而产生生物学效应的电磁波的频率也是离散的，离散的特定频率即是频率窗。

相干振荡理论认为：当十分接近于相干振荡频率（不同生物过程的频率不同）作用于生物体时，会产生破坏性相干和建设性相干两种"频率窗"效应，进而影响生物活性。Frohlich 及其继任者把酶与底物的相互吸引，免疫反应中的吸引和排斥，都看成是生物系统中长程的选择性相干作用的结果。

3.2.3　粒子对膜的穿透理论

正常情况下，细胞膜内外维持有约为 10^2 mV 的静息膜电位，从而形成势垒。离子在膜两侧的浓度达到平衡，是两种力的综合作用，即粒子的扩散力和电场力互相对抗的结果。很多实验表明，微波照射改变了细胞膜的通透性。Bames 等报道，场强 5 ~ 10 kV/cm 产生平均功率很小的微波脉冲使斑纹鱼胚胎的渗透压失去平衡，进而导致死亡。Baranski 等发现功率密度为 5 ~ 10 mW/cm^2 的连续微波可改变红细胞膜对血红蛋白的渗透性。这些实验中微波的平均功率密度很小，不能简单当成热效应。为此，提出了粒子对势垒穿透的理论。电磁辐射作用在膜上，是影响电场力，或者说是对膜电位即势垒产生作用。Montaigne 研究电磁辐射对膜电位影响时，发现膜电位的偏移量随频率的降低而升高，证实了电磁波对跨膜电位的影响。膜电位的改变漂移，会大大影响粒子对膜的通透而产生生物效应。

3.2.4　跨膜离子的回旋振荡理论

已有研究成果揭示：离子能够通过细胞膜上的离子通道进出细胞。离子通道是一种由特异性、有一定规则结构的蛋白质组成的机构，它呈近似圆柱状纵向跨过细胞膜。离子通道的轴向 α - 螺旋结构蛋白质亚单位缠绕，它对离子的流动具有选择性、方向性和开关作用。这种模型建立在细胞膜控制电荷转移实验基础之上的。通道有几十种，主要有 Na$^+$ 通道、K$^+$ 通道、Ca^{2+} 通道和 Cl$^-$ 通道，但通道对离子的选择性是相对的，例如 Na$^+$ 通道或 K$^+$ 离子通道对这两种阳离子的选择性颇大。不同通道的几何尺寸以及对离子通透的选择性和对能量转移的机制不同。外部电磁场对穿过通道的离子施以电场力和洛仑兹力，干扰离子的通透行为，进而改变细胞的生理状态。这就是跨膜离子回旋谐振理论的基础。1997 年，Kirka 等人研究了满足 Ca^{2+} 回旋共振的电磁场对细胞内 Ca^{2+} 离子浓度的影响与培养液中血清的关系，提出了血清或血清中的有关成分可能介导离子回旋共振的生物效应。Blankman 提出只有满足 Ca^{2+} 回旋共振频率条件的外加电磁场才能产生最明显的效应，并在实验基础上提出了离子回旋共振的理论模型。该模型分为三步：（1）电磁场能引起小的生物化学变化；（2）小的生物化学变化放大；（3）通过二次作用将放大的生物化学变化表达出来。

　　从生物学观点讲，离子流过通道对维持细胞处于某一生活状态有重要作用。从物理学观点讲，离子在周期性电场（E）作用下将受到周期性电场力 qE，运动速度为 v 的离子在静磁场的作用下将受到洛伦兹力 q $(v \times B)$ 的作用，考虑到阻尼力 m (v/τ)，离子动力学方程为 3 - 1：

$$F = m \frac{dv}{dt} = qE + q \ (v \times B) \ - m \ \frac{v}{\tau} \qquad (3-1)$$

　　式 3 - 1 中，τ 为离子与通道蛋白质晶格发生碰撞的弛豫时间。静磁场中，带电粒子受洛伦兹力的作用做圆周运动。电磁辐射中平行于静磁场的交变磁场分量，会增加带电粒子的角速度和轨道半径，即产生回旋共振。同时，系统内还存在电场，设电场是绕粒子通道轴向旋转而大小恒定，这一电场可以是沿粒子通道轴向的外加时变磁场产生的感应电场。而且，在一个平面内的旋转电流垂直于静磁场。在弱磁场（50 μT）中，Ca^{2+} 的回旋加速频率为38.4 Hz。当回旋加速共振频率与细胞内 Ca^{2+} 依赖过程的 ELF 频率窗频率一致，会诱发细胞表面受体或跨膜通道里离子作圆周运动或螺旋运动；钙调蛋白（Calmodtllin）里被弱束缚的 Ca^{2+} 结合状态改变，会进而影响许多受钙调蛋白调节的酶，诱导出各种生理生化改变。同时，电磁场使离子通道（都为α 螺旋）的偶极矩变化，加上通道内离子的回旋运动，最终会干扰离子通透性。

第4章 射频辐射健康效应流行病学研究

4.1 射频辐射与自觉症状和认知

随着手机用户的快速增加，手机射频辐射对健康的影响也日益受到关注。由于移动电话使用时紧贴头部，辐射能量大部分被头部吸收，其对大脑及神经系统的影响成为公众关注的焦点。为此，国内外学者开展了大量关于手机射频辐射对中枢神经系统的效应研究。

4.1.1 射频辐射与自觉症状

流行病学调查研究发现，手机辐射可能与头疼、眩晕、局部灼热、恶心、听力减弱和"扳机指"等自觉症状的发生有关。

Chia 等采用整群抽样方法对新加坡一社区内 808 名居民进行了流行病学问卷调查，研究结果指出，在 44.8% 手机使用者中，头痛是最常出现的症状，并随着每天使用时间的延长而加重，该结果与 Sandstrom 等人的研究结果一致。Hocking 等报道，手机使用者除有头痛症状外，在额、枕或耳廓处还会出现钝痛或烧灼感，该现象通常出现在手机通话几分钟后，1 h 内消失，少数人可持续较长时间。Oftedal 等以 17 000 名挪威和瑞典手机用户为研究对象的流行病学调查，其结果与 Hocking 等报道基本一致。该调查结果显示，在被调查者中有 31% 挪威人和 13% 瑞士人主诉手机通话后有自觉症状出现，最普遍的症状是耳朵周围出现热感觉、面部皮肤的灼烧感和头痛。这些症状通常在通话过程中和通话结束后半小时内出现，一般持续两个小时。

Mild 和 Sandstom 等对 12 000 名瑞典和 5 000 名挪威手机用户（大部分使用 GSM 数字系统，部分使用 NMT900 模拟系统）进行了问卷调查，结果显示，主诉症状主要表现为神经系统功能紊乱（头痛、眩晕、记忆力丧失、注意力分散等）；温热（耳上及耳后）；面部皮肤紧张、发抖和烧灼感等。与模拟信号电话相比，GSM 数字电话使用者症状相对较轻。Sandstrom 等的研究也发现，使用移动电话比使用模拟信号电话的人表现出更多的主观症状。总的来说，自主症状的发生与手机辐射的比吸收率、通话时间等密切相关。

国内曹兆进等也进行了关于手机辐射与自主症状相关性的流行病学调查研究，结果显示，手机使用与恶心、听力减弱之间有显著相关性，恶心、胸闷、食欲减退与使用手机年限有关。其他流行病学研究还发现，居住在移动基站附近的人群较易出现睡眠障碍、过敏、抑郁、视力模糊、注意力不集中、恶心、食欲不振、头痛和眩晕等症状，并随暴露水平的增加，认知准确度降低。Rubin 等以自我感觉对手机辐射敏感的人群为研究对象，将他们暴露于频率为 900 MHz GSM 移动电话中 50 min，结果显示，与对照组相比，暴露组头痛严重程度并未增加。Balikci 等报道移动电话对头晕、手震颤、口吃没有影响，但是可导致使用者头痛、极度兴奋、粗心、健忘、反射减弱和耳鸣。另据报道，严重神经衰弱者经常使用手机可能引起失眠、健忘、多梦、头晕、头痛、烦躁、易怒等神经衰弱症状。

4.1.2 射频辐射与认知

认知是个体认识客观世界的信息加工活动。感觉、知觉、记忆、想象、思维等认知活动按照一定的关系组成功能系统，从而实现对个体认知活动的调节作用。为了解手机射频辐射是否影响大脑的认知、学习、记忆功能，研究者开展了大量的流行病学研究，但是目前研究结果尚不一致。

袁正泉等以电磁辐射职业操作人员为研究对象，采用神经、行为功能评分方法进行的一项研究发现，与一般人群相比，电磁辐射职业操作人员较易出现情绪不稳定，注意力、反应速度、心理稳定性降低等神经行为变化。曹兆进等报道手机使用者的简单反应时间延长，正确反应次数与使用手机年限之间呈负相关，最快和最慢反应时间与每日手机使用时间之间呈正相关。

也有一些相反的研究结果。Preece 等报道手机射频辐射可加速人的反应，但是不影响记忆。将学生暴露于模拟和 GSM 数字手机信号下 1.5 h，然后进行记忆、速度和精确认知测试，结果发现，手机信号越强，反应时间越快，表明手机信号确实能够影响脑的功能。Koivisto 报道蜂窝电话 902 MHz 暴露会引起脑反应加速。对 48 位暴露在移动电话的健康成人进行测试，结果显示暴露加速了简单事件和警戒测试的反应，智力算数测试的反应时间缩短。作者认为手机射频辐射可能具有促进脑功能的效应特别是注意力和操作能力，但实验结果还有待进一步验证。

4.2　射频辐射与肿瘤

自全球首宗移动电话索赔案发生以来，使用手机是否与脑肿瘤发生有关一直是人们关注的焦点。2004 年 Hardel 等完成的一项关于手机辐射致癌性的研究显示：使用手机超过 10 年，每天通话超过 30 min 的人，罹患神经胶质瘤的风险增加 40%。另外，2008 年瑞典一项科学调查显示，使用手机超过 10 年的人，患听觉神经瘤风险增加 20%。主要根据这两项研究结果，世界卫生组织（WHO）下属的国际癌症研究机构（IARC）在 2011 年 5 月 31 日将手机等无线通讯设备发出的射频辐射列为"可疑致癌物（2B 类物质）"。IRAC 的这一举动，似乎并不是为了给手机辐射下结论，而是为了引起公众和政府更多地关注手机辐射给人类健康带来的影响。IARC 手机辐射工作组主席乔纳森·萨梅特呼吁，考虑到这一归类对公众健康的潜在影响，需要对长期、高强度使用手机的人群进行更多的研究。截至目前，包括瑞典、丹麦、德国、芬兰和美国在内的多个国家研究并报道了移动电话与肿瘤发生的关系，肿瘤类型涉及脑部肿瘤、听觉系统肿瘤、眼部肿瘤、唾腺肿瘤和其他肿瘤等。

过去十几年中，规模最大的手机辐射安全研究项目是由 IARC 组织，加拿大、日本等 13 个国家参与的 Interphone 研究。2010 年，该项目得出结论，即手机辐射不会增加神经胶质瘤的发病风险。

自 1978 年我国拥有手机以来，我国已发展成为世界上最大的移动通信消费市场，手机电磁辐射问题已成为社会关注的焦点，已有许多权威部门或研究机构都发表过有关手机辐射强度的测试报告，但我国针对手机辐射和癌症发生关系的流行病学研究尚处于起步阶段。

早在 1992 年，美国人雷纳德就以手机辐射"加剧了妻子埃伦的大脑肿瘤病变"为由，状告手机生产商 NEC。1989 年，埃伦患上了恶性星形脑胶质细胞瘤，并于 1993 年因病去世。雷纳德回忆，妻子打电话时习惯将手机靠近左耳边，而肿瘤的形状"与手机轮廓惊人的相似"，经超声断层扫描发现，她的肿瘤分布呈现以耳朵为中心的弧形，正好是使用手机时天线尖端的轨迹形，从而引发了手机辐射致癌的争论和研究。

作为美国首例"手机致癌"的索赔案件，这场官司让全世界开始关注手机辐射对健康的影响。1995 年，法院驳回了雷纳德的索赔要求，理由是"在证据不够确凿、流行病学研究尚不完善的情况下，臆断和假设无法证明手机和脑瘤之间的因果关系"。

随后类似的诉讼案例明显增加，在社会上引起了很大的反响，激发了人们对这一问题研究的重视，国内外学术界围绕此问题进行了大量艰辛的探索，但由于应用的数学工具、建模方法和实验条件等有所不同，对手机辐射是否对人体健康构成危害，至今尚未定论。其对人体产生生物学效应的作用机理更是知之甚少，导致各国制订的手机辐射防护标准版本繁多，差异不小。

4.2.1　射频辐射与脑肿瘤

根据国际疾病分类 ICD – 9，脑肿瘤分为良性和恶性两种，约各占一半。恶性肿瘤包括胶质瘤、转移瘤等；良性肿瘤包括脑膜瘤、垂体瘤、神经鞘瘤等。众多学者探讨了脑肿瘤总体发病率与射频辐射之间的相关性。

4.2.1.1　基站附近脑肿瘤发生率的流行病学调查

基站是射频辐射能量集中的地方，并持续向外发射电磁波，一般来说，人们接受射频辐射能量随着与基站之间距离的增加而递减，很多学者考虑到了距离、年龄和社会身份等因素，在此基础上，探讨了基站电磁辐射与脑肿瘤发生率之间的关系。

Selvin 等（1992）以 1973 ~ 1978 年美国旧金山确诊为脑肿瘤人群中 35 名年龄小于 21 岁的患者作为研究对象，分析了距离兆瓦级信号传输塔 3.5 km 之内与 3.5 km 之外脑肿瘤所占比例。结果显示，距离传输塔 3.5 km 之内的脑肿瘤比例为 1.16（95% CI，0.56 – 2.39），但该研究没有考虑其他因素，也没有该区域射频辐射环境水平的相关数据。

Dolk 等（1997）的研究发现，英格兰中部地区白血病和淋巴瘤患者主要聚集在高功率电视和调频广播发射塔周围方圆 10 km 范围内。将距离发射塔 0 ~ 2 km 和 0 ~ 10 km 范围内的脑肿瘤发生率与全国发病率进行比较，结果显示：15 岁以上人群患肿瘤 OR 分别为 1.29（95% CI，0.80 – 2.06）和 1.04（95% CI，0.94 – 1.16），患恶性脑肿瘤 OR 分别为 1.31（95% CI，0.75 – 2.29）和 0.98（95% CI，0.86 – 1.11）。Dolk 等（1997）同时研究了英国除上述地区外的 20 个广播和电视发射台附近 0 ~ 14 岁儿童癌症发病率。结果表明：距离发射塔 0 ~ 2 km 区域内患脑肿瘤和其他恶性肿瘤 OR 分别为 0.62（95% CI，0.17 – 1.59）和 0.50（95% CI，0.10 – 1.46）；距离发射塔 0 ~ 10km 区域内患脑肿瘤和其他恶性肿瘤 OR 分别为 1.06（95% CI，0.93 – 1.20）和 1.03（95% CI，0.90 – 1.18）。

Hocking 等 (1996) 的研究结果显示, 澳大利亚悉尼脑肿瘤病人的发病率和死亡率与位于其附近的三个电视塔和调频广播塔有关。电磁暴露强度分别为 100 kW 和 10 kW, 频率为 63 ~ 215 MHz。基站附近功率密度为 8.0 $\mu W/cm^2$, 距离基站 4 km 处功率密度为 0.2 $\mu W/cm^2$, 距离基站 12 km 处功率密度为 0.02 $\mu W/cm^2$。首先, 将研究人群按照 "0 ~ 14 岁, 15 ~ 69 岁和 ≥70 岁" 进行分组, 所有年龄段中距离信号塔较近的三个城市相比较远的六个城市脑肿瘤发生率比为 0.89 (95% CI, 0.71 - 1.11; 740 例), 死亡率比为 0.82 (95% CI, 0.63 - 1.07; 606 例死亡)。其中与特定地域相关的发生率仅在大范围内适用。对于年龄在 0 ~ 14 岁的儿童组, 脑肿瘤发生率比为 1.10 (95% CI, 0.59 - 2.06; 64 例), 死亡率比为 0.73 (95% CI, 0.26 - 2.01; 30 例死亡)。

Ha 等 (2003) 研究了 1993 年 11 月至 1996 年 10 月期间韩国 11 个行政区域距离高功率发射天线 (≥100 kW) 约 2 km 和 31 个行政区域距离低功率发射天线 (50 kW) 约 2 km 的年龄 ≥10 岁人群中恶性肿瘤的发生率。对照组人群选择附近的 4 个距离发射天线 2 km 以外的行政区域。恶性肿瘤的发病例数根据医疗保险数据统计确定, 关于这些记录的完整性和准确性并没有相关考证。结果显示, 高功率与低功率发射天线附近患脑肿瘤 OR 为 1.8 (0.9 - 11.1), 而根据发射天线的输出功率不同, 高功率发射天线附近居住群患脑肿瘤风险分别为: 输出功率 100 kW 时, OR 为 2.27 (95% CI, 1.30 - 3.67); 输出功率 250 kW 时, OR 为 0.86 (95% CI, 0.41 - 1.59); 输出功率 500 kW 时, OR 为 1.47 (95% CI, 0.84 - 2.38); 输出功率 1 500 kW 时, OR 为 2.19 (95% CI, 0.45 - 6.39)。

4.2.1.2 手机射频辐射与脑肿瘤发生关系的流行病学调查

Johansen 等 (2001) 对丹麦全国范围内 42000 名手机使用者进行的队列研究也表明, 手机与脑瘤、白血病等癌症之间具有相关性的假设不成立。Christensen 等 (2005) 通过对丹麦 427 名脑肿瘤患者与 522 名随机抽样人群进行分析发现, 手机使用与脑肿瘤的之间发生并无相关性。

2008 年, 日本进行了一项关于移动电话与脑肿瘤相关性的病例对照研究, 研究中估算了肿瘤内部 SAR, 及肿瘤部位与颅内射频场空间分布的关系。该研究对 322 例肿瘤病人 (包括胶质瘤 88 例, 脑膜瘤 132 例, 垂体腺瘤 102 例) 和 683 例正常人进行了检测和评估。结果发现最高 SAR 值均低于 0.1 W/Kg, 远远低于引起热效应的水平。胶质瘤患者 OR 为 1.22 (95% CI, 0.63 - 2.37), 脑膜瘤 OR 为 0.70 (95% CI, 0.42 - 1.16)。当采用肿瘤内 SAR 值评估电磁接触水平时，与正常人相比患脑肿瘤 OR 值没有增加。因此，过度暴露于手机射频辐射会引起脑瘤的结论仍缺乏依据。

英国 Victoria 等（2013）进行了一项使用手机与脑部肿瘤或其他癌症的风险的前瞻性研究。研究者对 791 710 名英国中年妇女进行前瞻性队列研究，通过 7 年的随访，发现有 51 680 人患上了恶性肿瘤，1 261 人患上了颅内中枢神经系统肿瘤。肿瘤发病率在使用手机人群和不使用手机人群间没有明显差异。在胶质瘤和脑膜瘤的发病率上，长期使用手机的人群和从不使用手机人群间也未见明显差异。在听神经瘤发病率上，长期使用手机人群比从不使用手机人群发病率明显增高，且随着暴露时间延长，这种差异越显著。

4.2.2 射频辐射与神经胶质瘤

神经胶质瘤又叫脑胶质瘤或脑胶质细胞瘤，约占颅内肿瘤的 46%，世界卫生组织 1998 年公布按死亡率顺序排位，恶性胶质瘤是 34 岁以下肿瘤患者的第 2 位死亡原因，是 35~54 岁患者的第 3 位死亡原因。良性神经胶质瘤生长缓慢，病程较长，自出现症状至就诊时间平均两年，恶性者瘤体生长快，病程短，自出现症状到就诊时多数在 3 个月之内，70%~80% 多在半年之内。故胶质瘤是脑肿瘤致死的主要肿瘤类型，又因胶质细胞又是射频辐射敏感细胞，故有大量流行病学调查主要关注射频辐射与神经胶质瘤发生之间的关系，其中最著名的是 Hardell 研究和 INTERPHONE 研究。

4.2.2.1 Hardell 流行病学研究

Hardell 等人进行了一系列关于手机使用和脑肿瘤关系的流行病学病例对照研究。病例组根据瑞典肿瘤登记信息进行选择，对照组根据瑞典人口登记处或者瑞典死亡登记信息进行选择（后者用来为已故的病例选取对照）。在他们进行的手机辐射和脑胶质瘤之间关系的研究中，对照组匹配条件包括：癌症确诊时间、年龄、性别和区域。已故病例的对照选自死亡登记处。环境和职业电磁辐射暴露情况，根据研究对象填写的调查问卷进行评估。调查问卷详细询问包括人口特征，职业史，其他脑肿瘤的潜在危险和对手机与其他无线通信技术使用情况（首次使用时间，手机类型，平均日常使用时间和偏侧性）。对于已故的病例，则对代理人（死者的亲属）进行采访。暴露条件为：手机和无线电话的使用。不包括在病例诊断前一年或者选择对照组的同一年的暴露。终身暴露按小时分组如下：1~1 000 h，1 001~2 000 h，以及 > 2 000 h。按使用年数分类为：>1~5 年，>5~10 年，以及 >10 年。统计学分析采用的无条件和有条件回归模型，这种模型对性别、年龄、社会经济指数以及诊断年份进行了调整。问卷调查参与率暴露组为 85%，对照组为84%。研究表明：手机或无线电话使用者患神经胶质瘤 OR 值为 1.3（95%CI，1.1－1.6），十年以上手机使用者患神经胶质瘤 OR 值为 2.5（95%CI，1.8－3.3）。患神经胶质瘤 OR 值随着终身暴露时间的增加而增大，其中最长时间暴露组（>2 000 h），OR 值为 3.2（95%CI，2.0－5.1）。神经胶质瘤的发生与无线电话的使用时间有关：1~1 000 h OR 值为 1.2（95%CI，0.95－1.4），1 001~2 000 h OR 值为 2.0（95%CI，1.4－3.1），>2 000 h OR 值为2.2（95%CI，1.4－3.2）。当考虑到使用手机者年龄时，所有与使用手机相关的恶性脑部肿瘤的 OR 值分别为：<20 岁 OR 值为 2.9（95%CI，1.3－6.0），20~49 岁 OR 值为 1.3（95%CI，1.1－1.6），≥50 岁 OR 值为 1.2（95%CI，1.0－1.5）。曾使用模拟手机者其子代患脑肿瘤 OR 值为 1.5（95%CI，1.1－1.9），数字手机使用者子代患脑肿瘤 OR 值为 1.3（95%CI，1.1－1.6），以及无线电话使用者子代患脑肿瘤 OR 值为 1.3（95%CI，1.1－1.6）。

另一项有关手机使用偏侧性的研究包括 905 例脑膜瘤患者和 2162 例对照人群。在实验组患者中，663 例为星形细胞瘤（等级 1－5 不等），93 例为少突神经胶质瘤，其余为其他类型脑膜瘤。问卷调查参与率实验组为 90%，对照组为 89%。结果表明：对模拟和数字手机使用者来说，患脑膜瘤 OR 值均有上升，并且手机使用同侧的星形胶质瘤等级更高，头部同侧肿瘤亦是如此，但与未使用手机和无线电话的人相比，手机使用者身体对侧脑瘤的风险并没有增加。

Hardell 另一项研究包括 136 例脑膜瘤患者（其中 48 例恶性胶质瘤，46例星形胶质瘤及 19 例少突神经胶质瘤）和 425 例对照人群，对照组在性别、年龄以生活区域均与实验组相匹配。问卷调查参与率实验组为 90%，对照组为 91%。实验组中有 161 例曾经使用过手机，85 例使用手机超过 136 h。结果表明，使用手机并没有导致脑部恶性肿瘤发病风险的增加（OR 为 1.0；95%CI，0.7－1.4）。

在 1997~2000 年之间，有 588 例恶性脑肿瘤，包括 415 例星形细胞瘤患者和 54 例少突神经胶质瘤患者。对于模拟手机而言，手机使用者患神经胶质瘤 OR 为 1.13（95%CI，0.82－1.57），在身体一侧使用者患神经胶质瘤 OR 为 1.85（95%CI，1.16－2.96），在身体两侧使用者患神经胶质瘤 OR 为 0.62（95% CI，0.35－1.11）。对于数字手机而言，手机使用者患神经胶质为 1.13

（95% CI，0.86 - 1.48），在身体一侧使用者患神经胶质瘤 OR 为 1.59（95% CI，1.05 - 2.41），在身体两侧使用者患神经胶质瘤 OR 为 0.86（95% CI，0.53 - 1.39）。

在 2000 ~ 2003 年之间，有 359 例恶性脑肿瘤患者，包括 248 名星形细胞瘤患者和 69 名其他恶性肿瘤患者。对于模拟手机而言，手机使用者患脑肿瘤 OR 为 2.6（95% CI，1.5 - 4.3），在身体一侧使用者患脑肿瘤 OR 为 3.1（95% CI，1.6 - 6.2），在身体两侧使用者患脑肿瘤 OR 为 2.6（95% CI，1.3 - 5.4）。对于数字手机而言，手机使用者患脑肿瘤为 1.9（95% CI，1.3 - 2.7），在身体一侧使用者患脑肿瘤 OR 为 2.6（95% CI，1.6 - 4.1），在身体两侧使用者患脑肿瘤 OR 为 1.3（95% CI，0.8 - 2.2）。使用手机 > 10 年者，肿瘤发生与使用手机的关系更紧密。

4.2.2.2　INTERPHONE 研究

INTERPHONE 研究是关于使用手机和各种类型脑肿瘤的多地区合作的病例对照研究。该研究与 IARC 合作，由 13 个国家的 16 个研究中心根据共同协议执行（澳大利亚，加拿大，丹麦，芬兰，法国，德国，以色列，意大利，日本，新西兰，挪威，瑞典和联合国）。简而言之，研究人群多选自大城市，因为大城市开始使用手机较早，且大部分人都在当地进行诊断和治疗疾病。选择年龄在 30 ~ 59 岁的居民作为研究对象，但有的研究中心也有年龄稍大的人群参与。研究持续时间一般为 2 ~ 4 年。采用面对面采访形式获取相关数据。如果受试者死亡或者由于生病而不能接受采访，由其代理人接受采访。调查问卷内容包括人口统计学因素，可能的混杂因素以及疾病的危险因素，还包括使用手机以及其他无线通讯设备的问题。手机使用时间定义为 6 个月或更长时间，每周至少打一次电话。

INTERPHONE（2010）研究神经胶质瘤和脑膜瘤发病风险与使用手机的关系，包括 2708 名神经胶质瘤患者和 2972 名对照人群。手机使用时间至少为 10 年。神经胶质瘤患者问卷调查参与率为 64%，对照人群问卷调查参与率为 53%。结果表明：手机使用者患神经胶质瘤 OR 为 0.81（95% CI，0.70 - 0.94）。对累积通话时间而言，除了最高十分位数通话时间（> 1640 h）之外，其他通话时间患神经胶质瘤 OR 均小于 1.0。INTERPHONE 更详细分析评价了手机使用与神经胶质瘤发生风险的关系。手机暴露机会较少的颅顶部和前叶部患肿瘤 OR 为 1.25（95% CI，0.81 - 1.91），其他部位患肿瘤 OR 为 0.91（95% CI，0.33 - 2.51），而暴露机会较多的颞叶患肿瘤 OR 为 1.87

（95% CI，1.09 – 3.22），该结果与脑部能量沉积形式一致。

INTERPHONE（2010）报道了从分析中剔除从来不使用手机和频繁使用手机者，将最低暴露组作为对照组。结果发现，大多数神经胶质瘤 OR 增加，超过了平均值。在诊断之前使用手机 2~4 年的人群中患神经胶质瘤 OR 为1.7（95% CI，1.2 – 2.4）；在诊断之前使用手机 5~9 年的人群中患神经胶质瘤 OR 为 1.5（95% CI，1.1 – 2.2）；在诊断之前使用手机 > 10 年的人群中患神经胶质瘤 OR 为 2.2（95% CI，1.4 – 3.3）。总之，INTERPHONE 病例对照研究结果表明，频繁使用手机者，患神经胶质瘤风险没有增加。对身体一侧暴露以及颞叶肿瘤而言，最高十分位数暴露组神经胶质瘤的发生风险增加。虽然存在偶然性，但是这种风险的增加也可能是由偏倚或者混杂因素引起的。

另外，INTERPHONE 还进行了关于手机使用与神经胶质瘤风险之间关系的病例 – 病例分析研究。采用上述 5 个国家的同一个数据库，进行病例 – 病例分析，将高水平暴露区肿瘤患者的手机使用与其他区肿瘤患者进行比较，脑部高水平暴露区定义为头部两侧，该区域吸收的电磁能量为手机辐射能量的 50%。一项基于 11 例脑肿瘤患者的研究表明：使用手机时间大于 10 年的人群高水平暴露脑区患脑肿瘤 OR 为 2.80（95% CI，1.13 – 6.94），而最近开始才使用手机人群的患脑肿瘤 OR 没有增加。此外，还有一些证据表明在高水平暴露脑区患脑肿瘤 OR 随着累积通话时长的增加而增加，但结果缺乏一致性。

采用 INTERPHONE 中 7 个欧洲国家（丹麦，芬兰，德国，意大利，挪威，瑞典和英国中南部）数据进行一项病例 – 病例分析，其中包括 888 例18~69 岁的胶质瘤患者。根据影像学资料确定患者的肿瘤中心位置，从而计算肿瘤同侧大脑与手机轴线之间的距离，尽管患者也提供经常使用手机侧。当评估胶质瘤时，计算头部同侧手机到肿瘤点的距离，不考虑患者在其他位置使用手机的情况，然后用回归模型比较不同暴露组的手机轴线和胶质瘤中心位置之间的距离。另外，采用无条件性回归模型计算出现在距离手机轴线≤5 cm 处肿瘤的数量。结果提示：手机使用和胶质瘤到手机轴线的距离之间没有关系。例如，对于规律手机使用者和非规律手机使用者，他们的肿瘤中心位置与手机轴线之间的距离是近似的（分别为 6.19、6.29 cm；P = 0.39）。两者患脑肿瘤 OR 均低于标准值。100 多部手机 SAR 空间分布结果显示尽管有些变异性，但是主要集中在耳朵附近的脑区。射频能量并不是均匀分布在手机轴线上，因此上述方法可能造成大量暴露误分类。

在病例分析中，每一位胶质瘤患者头部都定义了一个假设的对照位置。

通过对称地在轴位上和冠状面上反映肿瘤中心位置来获得镜像位置，并以此作为对照位置。针对上述 7 个国家的数据进行了一项研究，得到对照位置和肿瘤发生位置距手机轴线的垂直距离，并将二者进行比较。如果随着暴露剂量的增大患脑肿瘤 OR 也增大则提示两者之间存在相关性。然而，并没有发现这种现象。患脑肿瘤 OR 非规律手机使用者大于规律使用者。随着累积通话时间的增长，患脑肿瘤 OR 并没有增大。病例分析中，少数长期手机使用者导致可信区间增大。

4.2.2.3　其他流行病学研究

参照 Hardell 和 INTERPHONE 研究方法，美国国家癌症研究机构对美国 12 个地区进行了有关脑肿瘤与手机射频电磁场关系的流行病学研究，以探讨 Hardell 和 INTERPHONE 研究结果与美国的情况是否相符。基于 1992～2008 年美国 12 个地区胶质瘤发生率，数据包括 24 813 例 18 岁或年纪更大的非西班牙裔白种人胶质瘤患者。结果发现：特定人群的胶质瘤发生率在 1992～2008 年大体上保持稳定（每年有 -0.02% 的改变，95% CI，-0.28% - 0.25%），这个时期手机使用率由 0% 增加到 100%。如果手机使用和胶质瘤发生相关，那么即使潜伏期长达 10 年，胶质瘤的实际发生率应明显增加。以肿瘤潜伏期和手机使用累计时间为指标来评估患胶质瘤风险，2008 年预测的肿瘤发病率至少应该比观察到的肿瘤发生率高 40%，这一研究结果提示手机使用和胶质瘤的发生无明显相关。但是，INTERPHONE 研究中小范围的高水平暴露人群的预测发病率与观察数据一致。

美国 1994～1998 年在医疗中心进行了脑肿瘤的病例对照研究，实验组样本量 N=469，主要是神经胶质瘤患者，对照组（N=422）从与实验组同一个医疗中心选择。结果表明：无论是暴露参数、肿瘤解剖位置或组织学亚型，对患脑肿瘤 OR 值均没有产生影响。仅有一项研究患脑肿瘤 OR 为 2.1（95% CI：0.9 - 4.7），即神经上皮细胞肿瘤（14 名暴露病例），使用手机持续时间最长为 ≥4 年。研究指出，颞叶肿瘤的发生率最高。但是该研究中病例数目小，暴露水平低，且 422 名对照组中，包括 346 名从未使用过手机者和 22 名曾使用移动电话 ≥4 年者。

在芬兰进行的一项病例对照研究中，研究人员招募了 1996 年脑肿瘤患者和唾液腺肿瘤患者，按照实验组与对照组为 5:1 比例从一般人群中选择对照人群。有 198 例胶质瘤病例。每个受试者均在芬兰两个手机公司的用户名单中，确定受试者是否是两个手机公司的手机用户、使用时间以及手机类型

（模拟或数字型）。确保实验组和对照组在职业、社会经济和城市/农村等方面相似。结果表明：对于曾经使用手机者（约占全部受试者的 12%）患胶质瘤 OR 为 1.5（95% CI，1.0 – 2.4），对于使用手机 > 2 年者（小于所有受试者的 4%）患胶质瘤 OR 为 1.7（95% CI，0.9 – 3.5）。对于模拟手机使用者患胶质瘤 OR 为 2.1（95% CI，1.3 – 3.4），对于数字手机频繁使用者患胶质瘤 OR 为 1.0（95% CI，0.5 – 2.0）。本研究局限性是样本量小，无法评估使用手机时间大于 2 年对人体的影响，也不能确定订购移动电话者和个人使用手机之间的一致性。

4.2.3　射频辐射与脑膜瘤

脑膜瘤分为颅内脑膜瘤和异位脑膜瘤，前者由颅内蛛网膜细胞形成，后者指无脑膜覆盖的组织器官发生的脑膜瘤，主要由胚胎期残留的蛛网膜组织演变而成。好发部位有头皮、颅骨、眼眶、鼻窦、三叉神经半月节、硬脑膜外层等。在颅内肿瘤中，脑膜瘤的发病率仅次于胶质瘤，为颅内良性肿瘤中最常见者，占颅内肿瘤的 15% ~ 24%。在研究射频辐射与脑肿瘤的关系中，很多流行病学调查也报道了射频辐射与脑膜瘤之间的关系。

美国 Inskip 等（2001）分析了 197 例脑膜瘤患者和 799 例对照人群。结果发现：与不使用手机人群相比，规律使用手机人群中并没有发现患脑膜瘤的风险性增高（OR 为 0.8；95% CI，0.4 – 1.3）。

Auvinen 等（2002）在芬兰进行的病例 – 对照研究中有 129 例脑膜瘤患者。曾经使用手机的人群患脑膜瘤 OR 为 1.1（95% CI，0.5 – 2.4）；模拟手机使用人群患脑膜瘤 OR 略高（OR 为 1.5，95% CI，0.6 – 3.5）。

Hardell 等（2006）将患有良性脑肿瘤且使用手机和无线电话的人群作为研究对象，包括良性肿瘤 1 254 例、脑膜瘤 916 例、死亡患者（和对照组患者）除外。研究表明：与不使用手机、无线电话或使用时间少于 1 年的人群相比，模拟手机使用人群患脑膜瘤 OR 值为 1.3（95% CI，0.99 – 1.7）。数字手机使用人群患脑膜瘤 OR 值为 1.1（95% CI，0.9 – 1.3），无线电话使用人群患脑膜瘤 OR 值为 1.1（95% CI，0.9 – 1.4）。使用模拟、数字手机或无线电话时间长于 10 年的人群患脑膜瘤风险增加（对应 OR 分别为 1.6，95% CI，1.0 – 2.5；OR 为 1.3，95% CI，0.5 – 3.2；OR 为 1.6，95% CI，0.9 – 2.8）。

INTERPHONE（2010）研究了使用电话的人群，包括 2409 例脑膜瘤患者和 2 662 例对照人群。脑膜瘤患者参与率是 78%，对照组参与率是 53%。调查发现在脑膜瘤患者中，规律使用手机的人群患脑膜瘤 OR 值降低（OR 为 0.79；95% CI，0.68 - 0.91）。使用手机时间 10 年以上人群中，并没有发现患脑膜瘤风险的增高。从累计手机暴露水平来看，并没有发现高水平暴露人群患脑胶质瘤或脑膜瘤风险增高。依据累计通话时间，除被呼叫累计时间（≥1 640 h）最高十分位以外，所有十分位暴露患脑膜瘤 OR 均小于 1.0。对于手机暴露组，患脑膜瘤 OR 为 1.15（95% CI，0.81 - 1.62）。1~4 年为短期使用手机人群，累计通话时间最高十分位的人群患脑膜瘤风险大于长期使用手机人群（≥10 年）。

Cardis 等（2011）分析了 5 个 INTERPHONE 国家中使用电话的 674 例脑膜瘤患者和 1 796 例对照人群，研究了个体总累计吸收能量（TCSE）和患脑膜瘤风险。TCSE 最高五分位数的人群患脑膜瘤 OR 为 0.90（95% CI，0.66 - 1.24）。据报道，不使用手机免提的累计通话时间最高五分位数的人群患脑膜瘤 OR 值为 1.01（95% CI，0.75 - 1.36）。对于 TCSE 暴露≥7 年的人群没有发现剂量依赖关系，评估最高五分位数的暴露人群患脑膜瘤 OR 值为 2.01（95% CI，1.03 - 3.93）。对于使用手机≥10 年的人群，以脑肿瘤为中心暴露区域最多的患者中 OR 值为 1.34（95% CI，0.55 - 3.25）。

4.2.4　射频辐射与听神经瘤

美国 Inskip 等（2001）分析了 96 例听神经瘤患者和 799 例对照，结果发现：与不使用手机人群比较，并没有发现规律使用手机人群中患听神经瘤风险升高（OR 为 1.0，95% CI，0.5 - 1.9）。

Muscat 等（2002）分析了纽约一家医院中 90 例听神经瘤患者和 86 例对照人群。通过询问受试者有关手机使用的一些问题，评估了手机累计使用时间和年限对患听神经瘤风险的影响（该研究数量太少、暴露水平低以及手机使用时间短），结果发现，肿瘤常发生在手机使用对侧。

Schoemaker 等（2005）综述了来自五个国家（丹麦、芬兰、挪威、瑞典和英国）使用手机人群中患听神经瘤研究。结果表明：没有迹象表明患听神经瘤风险的增加与使用手机有关。法国（Hours 等，2007）、德国（Schlehofer 等，2007）及日本（Takebayashi 等，2006）研究小组报道了类似的结果。

Hardell 等（2006）研究了使用手机和无线电话与患听神经瘤之间的关系，包括 243 例听神经瘤患者。模拟手机使用人群与不使用手机、使用无线电话和使用手机时间≤1 年的人群相比，患听神经瘤 OR 增高（OR 为 2.9；

95% CI, 2.0 – 4.3）。数字手机使用人群患听神经瘤 OR 为 1.5（95% CI, 1.1 – 2.1），无线电话使用人群患听神经瘤 OR 为 1.5（95% CI, 1.04 – 2.0），模拟电话使用时间超过 10 年的人群患听神经瘤 OR 增加（OR 为 3.1, 95% CI, 1.7 – 5.7），但是使用数字手机或使用无线电话的人群患听神经瘤 OR 并没有增加。与不使用手机或无线电话的人群相比，模拟手机使用人身体同侧群患听神经瘤 OR 增高（OR 为 3.0, 95% CI, 1.9 – 5.0），模拟手机使用人群身体对侧患听神经瘤 OR 为 2.4（95% CI, 1.4 – 4.2）。与不使用手机或无线电话的人群相比，数字手机使用人群身体同侧患听神经瘤 OR 增加（OR 为 1.7, 95% CI, 1.1 – 2.6），但数字手机使用人群身体对侧患听神经瘤 OR 没有增加（OR 为 1.3, 95% CI, 0.8 – 2.0），使用无线电话也发现相似的结果（同侧 OR 为 1.7, 95% CI, 1.1 – 2.6；对侧 OR 为 1.1, 95% CI, 0.7 – 1.7）。

2011 年，INTERPHONE 采用与分析胶质瘤和脑膜瘤同样的方法研究了听神经瘤。包含 2000 ~ 2004 年诊断为听神经瘤的患者，根据年龄、性别、地区等匹配对照组。共有 1 105 例患者（参与率 82%）和 2 145 例对照人群（参与率 53%）。研究表明：规律使用手机 1 年的人群患听神经瘤 OR 为 0.85（95% CI, 0.69 – 1.04），暴露于手机辐射 5 年的人群患听神经瘤 OR 为 0.95（95% CI, 0.77 – 1.17）。对于频繁使用手机的人群，当呼叫累计时间最长时患听神经瘤 OR 最大，1 年内累计呼叫时间 ≥ 1 640 h 患听神经瘤 OR 为 1.32（95% CI, 0.88 – 1.97），频繁使用手机 5 年的人群患听神经瘤 OR 为 2.79（95% CI, 1.51 – 5.16）。但是，目前还不能确定患听神经瘤与第九、十分位数暴露水平之间存在着剂量依赖关系。

4.2.5　射频辐射与其他肿瘤

在探讨射频辐射与脑肿瘤发生的关系流行病学调查中，还涉及射频辐射与睾丸癌、垂体瘤、乳腺癌、淋巴瘤和腮腺癌等其他肿瘤之间的关系。

90 年代后期，瑞典 Hardell 进行了六项病例对照研究，其中三项针对手机使用和脑肿瘤之间的关系，研究发现，使用模拟手机、无线电话、数字手机均会增加患听神经瘤风险，患星形细胞瘤风险也会增高，并且手机使用同侧患脑肿瘤风险比对侧高。另外三项病例对照研究未发现手机使用与腮腺癌、非霍奇金淋巴瘤或睾丸癌之间的相关性。

Hardell 等（2011）研究了 103 例经组织病理学诊断的恶性脑肿瘤，对于长时间持续使用手机的人群，除胶质瘤以外患其他恶性脑肿瘤 OR 为 1.0（95% CI, 0.6 – 1.6），使用手机时间 1 ~ 1 000 h 的人群 OR 为 1.4（95% CI,

0.4 – 4.8)，使用手机时间超过 2 000 h 的人群 OR 为 1.2（95% CI，0.3 – 4.4)。

手机装在裤子口袋里产生的射频辐射对睾丸存在潜在的风险。相比普通人群而言，基于平均 8 年（最长随访时间为 21 年）随访的 357 533 例丹麦男性手机使用人群患睾丸癌的风险并没有增加（OR 为 1.05；95% CI，0.96 – 1.15)。瑞典关于手机使用与睾丸癌（542 例精原细胞瘤和 346 例非精原细胞瘤，870 例对照）的病例对照研究结果是阴性的，这些睾丸癌患者均是在 1993 – 1997 年诊断的。

Schoemaker 等进行了基于英格兰东南部人群的病例对照研究，2001 – 2005 年诊断为垂体瘤的患者有 291 例，对照人群有 630 例，根据性别、年龄、健康状况和居住地进行匹配。垂体瘤患者问卷调查参与率为 63%，对照组问卷调查参与率为 43%。研究发现，规律使用手机与患垂体瘤风险增高之间没有相关性（OR 为 0.9，95% CI，0.7 – 1.3)，与其他替代品暴露之间也没有相关性。通过不同时间段分析发现，模拟或数字手机使用人群中并不存在剂量依赖关系。Takebayashi 等在日本进行了一项研究，包括 102 例垂体瘤患者及 161 例对照。研究发现，在规律使用手机人群中，手机年累计持续使用时间、累计通话时间与患垂体瘤风险的增高之间没有相关性（OR 为 0.90，95% CI，0.50 – 1.61)。

Richte 等（2000）等通过调查在雷达站工作并长期接受高水平射频暴露的工作人员发现，长时间射频辐射暴露会增加年轻人患多种肿瘤的风险。

Meye 等（2006）对 2002—2003 年德国巴伐利亚州 48 个直辖市手机基站覆盖范围内的 177 428 位居民的癌症发生率进行了研究。根据由基站工作时间及距离基站 400 m 范围内居住的人口比例确定的三个暴露级别对直辖市进行了粗分类。242 508 位研究对象中有 1 116 例恶性肿瘤患者，但是没有迹象显示癌症发病率的整体上升与高水平暴露之间存在直接相关性。采用 Potthoff – Whittinghill 方法检验了社区肿瘤患者数量在空间分布上的均匀性，结果表明乳腺癌（P = 0.08)、脑和中枢神经系统（P = 0.17)、甲状腺癌（P = 0.11）在空间分布上具有均一性。对于白血病患者来说存在漏检，因此没有进行分布均匀性检测。

Park 等（2004）报道了 1994—1995 年韩国所有年龄段人群中癌症死亡率也得到了类似的结论。暴露组距离高功率发射天线（ > 100 kW）2 km 以内。癌症死亡率依据 1994—1995 年韩国死亡证明。同时期常住人口以 1990 年人口普查结果为准。为了避免选择性偏差，每个暴露组（n = 10）匹配四个对照组

（n = 40），基于六个年龄分组，分别计算每 100 万居民人口标准化死亡率。计算了同一个省或邻近省份中 10 个地区高功率发射天线附近 2 km 范围内与 40 个地区距离高功率发射天线 > 2 km 的癌症死亡率比。结果表明：与对照组相比，高功率发射天线附近居民的癌症死亡率之比为 1.52（95% CI，0.61 - 3.75）。

虽然少数流行病学研究结果提示手机使用和脑肿瘤（如成人恶性神经胶质瘤）发生存在相关性，考虑到流行病学研究方法的一些缺陷，例如无应答、观察时间太短和暴露误分类等。笔者认为目前尚无足够的证据证明手机或基站产生的射频辐射与脑肿瘤和其他肿瘤的发生直接相关。

4.3　射频辐射与生殖机能障碍

随着电子设备广泛应用于各行各业，电磁辐射对健康的影响越来越受到人们的关注。由于电磁辐射对生殖系统产生的影响不仅影响生物个体本身，还会通过遗传物质的传递影响到后代健康，因此，探讨电磁辐射对生殖系统的危害及机制，对于确保人口质量、维持人类健康的可持续发展具有极其重要的意义。已有研究表明，射频电磁辐射可引起人类生殖机能障碍，主要表现为男性性功能减退、女性月经紊乱以及自发性流产、早产、低体重新生儿、先天畸形、儿童期癌症等生殖相关疾病发生率的增加。

4.3.1　电磁辐射对女性生殖功能的影响

有研究发现，在受孕前 6 个月和/或妊娠前 3 个月从事微波理疗的女性工作者发生早期流产的危险性明显增加。有关居住地电磁辐射暴露与妊娠的流行病学研究发现，冬天使用电热毯或水床导致妊娠妇女自然流产的危险性是对照组的 1.8 倍，低体重新生儿的发生率是对照组的 2.2 倍；当居住地磁场强度 $\geqslant 0.63$ μT 时可使流产危险性增加 5.1 倍。Lee 等人利用前瞻性队列研究评估了自然流产与首次妊娠期间使用电热毯之间的相关性。结果发现，使用电热毯 < 1 h 的 20 人中，自然流产的校正后 OR 值为 3.0（95% CI = 1.1 ~ 8.3），但使用电热毯高档 $\geqslant 2$ h 的 13 人中并没有出现自然流产，即电磁辐射暴露程度（以暴露时间加权平均值作为评价指标）与自然流产率并非呈正相关。Lee 等进行的另一项病例 - 对照研究发现，女性居住地个人暴露与自然流产呈正相关，研究者认为自然流产风险与电磁场暴露参数和剂量有关。将磁场暴露 30 周的数据（包括暴露日变化量、暴露最大剂量和暴露时间加权平均

值）分成四分位数，以最低分位数作为参考值，最高分位数校正后的 OR 值和 95% CI 分别为：暴露日变化量 3.1（95% CI = 1.6 ~ 6.0）、2.3（95% CI = 1.2 ~ 4.4）和 1.5（95% CI = 0.8 ~ 3.1）；暴露最大剂量 2.3（95% CI = 1.2 ~ 4.4）、1.9（95% CI = 1.0 ~ 3.5）和 1.4（95% CI = 0.7 ~ 2.8）；暴露时间加权平均值 1.7（95% CI = 0.9 ~ 3.3）。

但在 2003 年，Juutilainen 认为虽然有少数报道显示特定参数磁场暴露会增加妊娠的危险性，但是还不能明确母体磁场暴露与妊娠不良影响之间关系。

4.3.2　电磁辐射对子代的影响

Lerman 等进行的一项流行病学研究发现，低体重新生儿的发生率与女性理疗师职业具有相关性，其 OR 值为 2.75，95% CI 为 1.07 ~ 7.04，这些女性在工作时接触的射频辐射频率为 27.12 MHz。与此相反，Cromie 等研究结果显示，女性理疗师生育先天性畸形胎儿和流产率较一般群体低。Shields 等研究了短波电热疗法对孕期女性的潜在危害作用，没有发现自然流产、早产、死产或生育能力的下降。

Preston 等发现母亲在妊娠期使用电热毯（< 2 mG）可增加子代患肿瘤的风险，尤其是白血病和脑肿瘤的发生。Shaw 等分别以神经管畸形（Neural Tube Defects，NTDs）和面部畸形为病例组进行了病例—对照研究。结果显示，女性使用电热毯时，全身体表接受的磁场强度为 20 或 30 mG，其中卵巢接受磁场强度为 3 - 5 mG，对上述畸形的发生有一定的促进作用，但是在评估危险度时研究方法不够严密。

也有报道认为，电热毯或水床产生的电磁辐射与神经管畸形、泌尿道畸形和胎儿宫内发育迟缓等无关。

王桂珍等调查发现，微波作业、广播通讯、卫星接收等职业女性自然流产率为 14.6%，显著高于对照组的 12.9%（P < 0.05）。妊娠并发症为 5.2%，也显著高于对照组的 1.1%（P < 0.05），暴露组子代中发现 1 例葡萄胎和 3 例血管瘤，而对照组中未查出。

4.3.3　射频辐射对男性生殖功能的影响

丁晓萍等报道，雷达工作人员的精子畸形率增加，精子质量随着雷达频率、距离、强度、暴露时间和屏蔽物的变化而改变，并具有一定的剂量依赖关系，其中以精子畸形率增高为主。Kilgallon 等也发现，将移动电话放在裤子口袋和腰间的男性，精子活力比不带移动电话或把移动电话放在别处的男性低。但是关于移动电话持有者和非持有者间的人口统计学、社会学和经济学特性的研究很少，因此研究结果存在许多的混杂因素。

父亲暴露于电磁辐射子代同样也可受到影响。1983 年 Nordstrom 在报道中指出，工作在高压装置附近的男性，其子代围产期死亡率增加 3.6 倍，先天畸形增加 3.2 倍；在广播电线工厂工作的男性，其子代不育症发病率增加 5.9 倍。Tornqvist 等研究结果显示，在电力工厂工作的男性其子代尿道下裂危险性增加 2 倍。2001 年，De Roos 等报道，暴露于较高场强的极低频电磁场的父亲，如电工、养路工、焊工等，其子代神经母细胞瘤的发生率增加。

关于电磁辐射对男性生殖功能影响的研究主要是选择门诊男性不育人群、职业人群，或采用体外实验的方法。Agarwal 等根据移动电话使用时间对门诊就诊的 361 例不育男性进行分组研究。结果发现，过多使用移动电话者的精子数量减少、活力降低、精子畸形率增加。精液参数与日常通话时间之间存在相关性，但与初始精液质量无相关性。Erogul 等检测了 27 例使用移动电话男性的精子活力，发现 900 MHz 移动电话暴露组中快速前向运动、慢速前向运动的精子比例轻度下降，不运动精子比例增加。Wdowiak 等将 304 例男性分为：A 组 99 例从不使用 GSM 移动电话，B 组 157 例在过去 1 - 2 年偶尔使用 GSM 移动电话，C 组 48 例正常使用 GSM 移动电话超过 2 年。研究结果显示，精子畸形率增加程度与通话时间长短呈正相关，同样，直线前向运动精子比率下降与移动电话频率有一定关系。尽管该实验在设计上存在一定限制，但其研究表明，男性不育与射频辐射可能存在着潜在的联系。

据报道，在以过去两年内每周使用电脑超过 20 h 的男性为研究对象的一项研究中，结果未发现其精子密度、精子活力、正常形态精子的比例等与对照组相比有显著不同。这些结果提示，射频辐射对男性生殖能力可能存在潜在的不良影响。但依据目前的数据，还不能得出确切的结论。

4.3.4　射频辐射对性功能的影响

在性功能研究方面，王桂珍等流行病学调查发现，射频暴露女性的月经不调先兆症状发生率显著高于对照组（P < 0.01），约为对照组的 1.66 倍，且月经异常发生率显著增高（P < 0.01），结果提示，射频辐射可能对女性神经 - 内分泌系统有一定影响。进一步研究发现，射频暴露组女性月经周期异常、经血量增多等随工龄的增长而升高，提示可能与射频辐射作用的累积效应有关。在射频辐射对职业女性性器官的影响方面，王桂珍等调查结果表明，射频暴露组性欲减退率为 32.9%，对照组为 12.9%，两组之间有显著差异

（P < 0.01），且暴露组中卵巢囊肿、不育症的发生率较对照组有增高趋势。上述性功能异常率明显升高的原因，是否与射频辐射热效应对卵巢的影响有关还有待进一步探讨。

另有流行病学调查表明，微波操作人员出现月经紊乱、性欲减退及阳萎等主诉症状。哺乳妇女还出现乳汁分泌减少现象等。微波可能通过热效应对睾丸产生作用。国外一些关于射频辐射流行病学调查结果表明，男性出现性功能下降、阳痿、甚至不育等症状。但射频暴露环境非常复杂，除电磁辐射外还有其他多种因素都可能对人体造成不良影响，例如职业暴露人员在作业过程中注意力高度集中、精神紧张等所引起的心理方面的不适，及对骨骼肌系统的损害均能对妊娠产生不利的影响。而流行病学研究不可能对射频电磁辐射进行单因素独立分析。

4.3.5　射频辐射对子代性别比例的影响

早在 1981 年 WHO 通过人群调查发现，受微波辐照者的子代女孩比例增加。Larsen 等应用病例 – 对照调查发现妊娠期暴露于低场强高频电磁辐射（300KHz ~ 300MHz）的理疗师，其子代男/女性别比为 0.48；高场强暴露的理疗师，其子代男/女性别比则为 0.31；每周暴露 11 ~ 20 h，其子代男/女性别比为 0.55；若暴露超过 20 h，其子代男/女性别比则为 0.21；而对照组子代男/女性别比为 1.51。实验发现，男孩体重降低与电磁辐射暴露也密切相关。Irgens 等调查了挪威 1970 ~ 1993 年出生的小孩，在高压电场从事铝、镁、铁、镍生产的父亲中，其子代男孩比例分别为 50.38%、47.32%、50.03%、48.27%，电缆生产者为 47.20%；在从事铝生产的母亲中，其子代男孩比例为 37.04%，对照组为 51.42%。在极低频电磁场（ELF – EMF）工厂工作的男性其子代男孩比例轻度减少，而在相同环境工作的女性其子代男孩比例则明显减少。进一步的流行病学调查显示，不仅是孕妇，在非妊娠妇女甚至是男性，暴露于电磁辐射均可引起子代女孩比例增加。如从事碳调节器工作的男性，其子代男孩比例明显降低；父亲受高频电磁场或强静电场辐射，或在高压电厂、雷达系统附近工作，其子代女孩比例增加。有学者据此认为子代的性别比例失调可作为电磁辐射如微波辐射后生殖危害的评价指标之一。

4.4　射频辐射与儿童生长发育

儿童对射频辐射相对敏感，电磁辐射对儿童健康损伤的研究还处于发现现象阶段，因此流行病学研究在电磁辐射领域的运用非常广泛，其中以横断面研究居多，而且研究结果并不十分确切，诸如知识水平、社会人口学特征和其他一些潜在混杂因素影响着对结果的分析。而且横断面研究中电磁辐射暴露剂量的测量只能反映某个时间点的暴露水平，不能代表电磁辐射对人体健康的长期效应。

4.4.1　射频辐射对儿童神经系统的影响

英国《微波理论与技术》期刊研究显示，儿童颅骨厚度显著低于成人，对电磁辐射的吸收率明显高于成人。法国克莱蒙·费朗大学一项研究表明，儿童使用手机时，大脑对手机电磁波的吸收量比成人多 60%。近期，英国《每日邮报》撰文指出，手机会造成儿童记忆力衰退、睡眠紊乱等问题。

然而新西兰一项流行病学调查发现，使用手机的青少年更易头痛、耳鸣、感觉压抑和失落以及失眠，晚上接受手机辐射的学生在白天明显疲倦。研究者据此提出，为提高学生的健康，应限制学生使用手机，每天手机的使用不应超过 15 min，若需长时间通话，应使用有线电话。欧洲研究发现，青少年的疲倦与熄灯后青少年的手机使用有关，手机使用少于一个月的 OR 值是 1.8，而一周至少使用一次手机的 OR 值是 5.1。德国一项针对 8－12 岁青少年的研究也发现全天的手机暴露会增加疲倦。

但是也有相反的结论，另一项德国研究发现，儿童注意力不集中与手机使用之间是没有相关性的，而是偶然发生的。Sabine 进行了一项主要探讨参与者自我报告的射频暴露与自我感觉的健康问题之间相关性的流行病学研究。研究表明，频率 900 MHz 射频暴露对儿童和青少年的认知功能没有显著影响。但是这种基于参与者自我报告的暴露评估存在缺陷，因为青少年并不能准确地回忆过去几年中他们使用手机的具体情况。

4.4.2　射频辐射可导致儿童智力残缺

据最新调查显示，我国每年出生的 2 000 万儿童中，有 35 万为缺陷儿，其中 25 万为智力残缺，有专家认为电磁辐射是影响因素之一。世界卫生组织（WHO）认为，计算机、电视机、移动电话等电磁辐射对胎儿有不良影响。

关于孕期胎儿暴露于电磁辐射的研究也有相关报告。研究者对1999—2001年1397名儿童肿瘤患者与5 588名正常儿童进行了病例对照研究，结果发现儿童早期肿瘤与孕期母亲暴露于移动电话基站之间没有相关性。另外对基站、天线是否有害人体健康这一问题，国际上一直存在不同看法。一些研究人员认为，天线的辐射量相对较弱，且通常安装在建筑物的顶端，它所释产生的辐射大部分已被房顶或建筑物吸收，不会对生活在天线下的人产生危害。而另一些人则认为，天线辐射会引起潜在的健康问题。据一些长期住在基站附近的居民反映，他们会经常出现头痛、失眠、恶心、记忆衰退、食欲不振等症状。因此专家们不否认天线可能对儿童造成危害，因为儿童的神经系统正处于发育阶段，颅骨也比成年人薄，对电磁辐射缺乏防御能力。为保证儿童的健康，一些西方国家已作出明文规定，在幼儿园、学校、医院的房顶禁止安装手机转发天线，已经安装的必须立即拆除。随着科学家们对射频辐射影响儿童的健康机制研究的不断深入，人们对于射频辐射对儿童的损伤及防护的认识将会越来越清楚。

4.5　其他

各国研究者也将视线集中在射频辐射对心血管系统、免疫系统、激素水平、听觉系统和视力等多个方面，并得到大量的研究结果。相关数据表明射频辐射对心血管系统、免疫系统、人体内激素水平、听觉和视力都能产生一定的损伤效应，但是同样存在阴性结果。

4.5.1　射频辐射对心血管系统的影响

（1）射频辐射对血压心率的影响

柯文棋等认为长期暴露在100 kHz电磁辐射中，可起血流动力学参数的变化，主要表现为脉率和主动脉排空减慢，血压（平均收缩压、平均舒张压、平均动脉压）降低、左心有效泵力指数和心肌氧耗指数降低，微循环减慢（半更新率减低，半更新时间、平均滞留时间延长），提示心血管系统功能减弱。

射频塑料封闭剂操作工是射频辐射高水平暴露人群。Wilen等调查了35位操作工人和37位其他工种工人，他们工作环境中最大电场强度为2 kV/m，磁场强度为1.5 A/m。根据焊接时间来计算累积暴露量，其中有11人的暴露量超过了ICNIRP推荐水平。调查结果显示，操作工人心率比对照组显著降低。但是因为研究对象相对较少，不能排除混杂因素的干扰。

Vangelova 等报道，与无线中转器操作工（被假定为接受低水平的射频辐射）相比，广播和电视台工作人员收缩压、舒张压、血中胆固醇浓度和低密度脂蛋白胆固醇含量显著升高，提示射频辐射对心血管有不良作用。但是作者提到工作状态可能也影响了调查结果。

也有一些阴性结果的报道。Huber 等研究结果显示，暴露于射频辐射（比吸收率 SAR 为 1W/kg）的受试者，睡前受到射频辐射的轻微影响，心率稍有降低，但在熟睡时心率没有明显变化。

Braune 等将 40 名受试者暴露于 GSM 样信号（900 MHz，脉冲 217 Hz，功率 2 W），50 min，连续测量血压、心率和毛细血管血流量，没有发现任何变化。Karl 等以 32 名健康人为研究对象，观察频率 900 MHz（功率 2 W）、1 800 MHz（功率 1 W）的移动电话对心血管系统的影响，均暴露 35 min，结果显示，暴露组人群动脉血压、心率与对照组相比没有显著变化。在对 40 位孕妇的研究中，未见移动电话与胎心率基线或胎儿心率的加速和/或减速之间存在相关性。将使用移动电话时感觉到主观症状的人作为实验组，暴露参数为 900 MHz，头部最大 SAR 为 1 W/kg，暴露 30 min。结果表明，与对照组相比，两组人群仅心率变异出现差别。虽然其生理学意义不明，但是作者推测该症状可能与交感神经活性自主调节功能提高有关。

Muller 等将受试者暴露于 77 GHz（功率密度 3 mW/cm^2）微波中 15 min，未观察到心率、心电图 P－Q、Q－S 和 S－T 间期、收缩压和舒张压、皮肤传导性、皮肤温度、呼吸音等的变化。暴露频率为 5.8－11 GHz（功率密度 59.7 mW/cm^2）时，心率、收缩压和舒张压、皮肤传导性或皮肤温度也未发生明显的改变。由于射频辐射穿透深度浅，较难测量因皮肤传导性和温度引起的微小改变。

（2）射频辐射对一般心血管疾病和死亡率的影响

Breekenkamp 等对射频职业暴露人群的三个循环系统进行了队列研究，发现受照射人员的死亡率降低。但是，这些研究存在一定缺陷，例如暴露判定标准不统一等。对电视台工作人员（根据服务年限选择）的调查，也显示出心血管系统低死亡率。相反，Tikhonova 等报道，操作辐射和通信设备的工作人员患高血压和冠状动脉疾病的风险增高。这些研究存在着共同问题，就是如何消除社会经济因素、医疗保障、生活方式等因素的影响。

Anna 等进行了基于美国人口普查数据的前瞻性队列研究，排除失业者和退休个体，将 307 012 名职业工作人员作为队列研究对象，评价电磁辐射暴露水平,并采用了灵敏度分析消除混杂因素影响。结果显示,暴露磁场 >0.3 μT、0.2 - 0.3 μT、0.15 - 0.2 μT 三组人群患心血管疾病的风险均高于磁场强度 < 0.15 μT 组的人群,OR 分别为 1.48、1.42、1.24。

(3)射频辐射对局部血流量的影响

Paredi 等发现,移动电话通话 30 min,使得同侧鼻孔和后头域的皮肤温度显著升高,认为是局部血流扩张的反应。Huber 等报道单侧脑部暴露于 900 MHz 脉冲调制(脉冲本身的参数随信号发生变化)射频电磁辐射,同侧额前皮质血流量增加。将两组健康男青年头部分别暴露于 900 MHz(最大 SAR 为 1 W/kg)的基站脉冲信号(由与 GSM 移动基站发射的相似的信号组成)和移动电话脉冲信号(由与 GSM 移动电话发射的信号具有相同光谱内容的信号组成)。30 min 后,暴露于基站脉冲信号的受试者脑血流量无明显变化,而暴露于移动电话脉冲信号的受试者清醒时,暴露侧颞叶前部的脑皮质局部血流显著增加。

在志愿者视觉记忆测试中,观察到移动电话能够导致受试者局部脑血流量显著减少。Aalto 等报道,移动电话辐射引起大脑区域血流量的改变,颞下弓皮层血流量减少(接近天线的位置),但是额前皮质血流量增加。

4.5.2　射频辐射对免疫系统的影响

射频辐射对免疫功能的影响结论不一致。经流行病学调查,可以认为免疫系统呈双相反应。暴露于较低强度的微波辐射,表现为免疫刺激作用的适应代偿性反应,诸如白细胞吞噬功能相对增高,淋巴细胞增多和免疫球蛋白增高等;在相对高强度暴露后,暴露人群则显示出吞噬功能下降,免疫球蛋白明显降低,尤其以血清 IgG 较为敏感。

Boscol 等对居住在电视台(频率为 500 kHz ~ 3 GHz)附近的 19 位女性居民进行了调查。结果发现,女性外周血淋巴细胞活力明显降低,但未发现存在剂量效应关系。

伏代刚等流行病学研究表明,移动电话射频辐射可引起人体疲乏无力,白细胞和 T 细胞数量降低。相反,也有白细胞和 T 细胞数量增高等免疫刺激的结果。

袁正泉等报道,在超短波作业环境(频率 170 MHz)中的职业人员,工作后血清 IgM、IgG 浓度升高,但 IgA 浓度没有变化。

黄文燕等采用 RCQ21A 型微波漏能仪(频率为 915 MHz - 12.4 GHz,功率密度为 10 - 100 μW/cm^2)模拟移动电话的发射频率,对移动电话使用者血清免疫球蛋白 IgG、IgA、IgM 和补体 C3、C4 的含量进行测定。结果发现，血清 IgG 和补体 C3、C4 的含量均明显高于不使用移动电话的健康人群对照组，IgA 含量则明显低于对照组，差异显著（p < 0.01）。

另有调查发现，高频作业者外周血象检查一般无异常发现，微波作业者可在正常范围内波动，主要为白细胞总数与血小板减少。

4.5.3　射频辐射对激素水平的影响

Braune 等报道，与对照组相比，实验组在（频率 900MHz，脉冲 217Hz，功率 2W）移动电话使用期间血清去甲肾上腺素、肾上腺素、氢化可的松或内皮缩血管肽水平没有变化。

Jarupat 等调查了每小时使用移动电话超过 30 min，且连续使用 6 h 的女性。结果发现，唾液中褪黑素含量减少，正常的夜间温度降低被抑制，推测是因为褪黑素分泌减少导致。使用移动电话的男性随着使用次数的增加，唾液中褪黑素代谢产物呈线性减少。Wood 等指出在移动电话使用起始阶段对褪黑素有影响，但是对尿中总褪黑素代谢产物浓度没有显著影响。Boortkiewice 等调查结果也显示，移动电话辐射（900 MHz，SAR 为 1.23 W/kg，60 min）没有引起健康受试者褪黑素水平的变化。

4.5.4　射频辐射对听觉和前庭系统的影响

对 30 个听力正常的志愿者，在暴露于移动电话辐射 10 min 前后，各测量一次听力，未发现可测量的听力减退。Uloziene 等调查另外 30 个志愿者，在频率为 900 MHz 和 1 800 MHz 的辐射下暴露 10 min，也未发现辐射对听阈级（通过纯音测听法测量）或耳声发射（没有可测量的听力的减退）有显著影响。而 Callejo 等却报道与非移动电话使用者相比，移动电话使用者出现轻微的听力丧失。

Pau 等应用模拟 GSM 信号（频率 889.6 MHz）放置在受试者的耳朵上，同时观察视频眼球震颤，没有发现眼震现象，也没对耳蜗或脑干的听觉功能产生影响。

2008 年，美国耳鼻喉学学会年度会议公布的研究结果表明，即使每天接听手机仅 1 h，也有可能造成听力永久性损伤。

在美国最新公布的调查中，研究人员将 100 名年龄为 18 至 25 岁的手机使用者与 50 名不使用手机者进行对比实验后发现，前一组人更加不易听清某些词汇。研究显示，连续 4 年以上每天接听手机至少 1 h 的人辨别声音更加困难。而右耳问题更加严重，因为大部分人接听手机时使用右耳。

4.5.5 射频辐射对晶状体的影响

射频辐射不会引起白内障，也不影响作业者视力；但在长期接触较高强度微波作业者中，可发现晶状体点状或小片状混浊，也有白内障的个案报道。曾对 1664 名微波作业者（绝大部分接触十到数百 W/cm^2 微波辐射）晶状体检查，发现接触脉冲波辐照的人员晶状体混浊度增高及密度增高的发生率明显高于对照组，与接触连续波照射人员相比，也有显著性差异，提示在促使晶状体衰老中脉冲波的作用比连续波明显。

射频辐射对于心血管系统、造血系统等的损伤作用，有学者认为主要是由于射频辐射的热效应引起的。例如射频辐射主要引起体温升高、产生心率加快、血压升高、呼吸加快、喘息、出汗等生理反应，严重的还会出现抽搐和呼吸障碍。而红细胞和白细胞的改变更依赖于微波剂量。但是也有研究发现造血系统对微波辐射的反应与置于高温环境有明显的不同，即使两者都使直肠温度升高。分析发现对微波能量的不均匀吸收可能是出现这种结果的原因之一，毕竟微波穿透的越深，受热率也就越高。微波引起眼睛损害，由于主要是急速的温度变化率和高发热率。眼内温度梯度和发热率是导致损伤两个主要因素。同时不能排除非热效应。据报道，诱发白内障的关键参数是平均功率密度。研究表明相同平均功率密度的脉冲波和连续波辐射均可能诱发白内障。另外 JAMA（美国医学会杂志）发布的一项研究成果引起了广泛关注。该研究并非针对长期使用手机的人士，而是观察"急性手机暴露"与脑部活动的关系。研究者对 47 名健康受试者进行了脑部测试，结果发现时长为50 min 的手机暴露对靠近手机天线一侧的脑组织葡萄糖代谢造成了影响，葡萄糖代谢明显增加了。这一发现的临床意义尚不清楚。在此之前，细胞培养研究也发现手机辐射的非热效应导致了基因表达和蛋白活性的变化。

总之，射频辐射与人类健康的流行病学调查在理论上应该是射频辐射危害性评价的最直接证据，但由于多种原因，如样本量小、跟踪随访时间短、暴露剂量难以精确评价和混杂因素的干扰等，导致了流行病学调查目前尚无法得出明确结论。而对于移动电话射频场产生的生物学效应以及进而诱发健康问题的作用机制仍处于探索阶段。虽然流行病学调查表明手机辐射确实存在某些生物学效应，但其意义及发生机制尚不清楚。

第 5 章 射频辐射生物效应实验研究

5.1 射频辐射与肿瘤发生

流行病学调查作为一种非常有效、直观的研究手段，可以为射频辐射潜在的致癌性提供最直接的证据。但当流行病学证据薄弱时（数据缺失、回忆偏倚、追溯时间短、研究对象获取困难等），实验研究的危险性评估就显得非常关键。强有力的实验室证据（动物和细胞研究）可以增加流行病学研究中观察到的射频辐射与致癌作用之间相关性的可信度，而一贯的阴性实验证据将会削弱流行病学结果中与之不一致结论的可信度。射频辐射与肿瘤发生之间相关性的研究是国际众多实验室研究的重点，其中以 INTERPHONE 研究历时最长，数据获取最全面，研究结果具有重大意义。

2011 年国际癌症研究机构（the International Agency for Research on Cancer, IARC）以专著形式（IARC MONOGRAPHS）发表了射频电磁场研究报告（Radiofrequency Electromagnetic Fields, Volume 102），全面报告了射频辐射与肿瘤发生之间相关性的相关研究。

动物研究是进行射频辐射致癌、促癌研究的重要手段之一。通常动物研究可分为三类：（a）单独暴露于射频电磁场的研究，包括使用易发肿瘤品系动物；（b）联合暴露于射频电磁场和已知具有遗传毒性或致癌试剂的研究；（c）评估射频电磁场对植入或注射肿瘤细胞后效应的研究。本章涉及的动物实验研究方法均属于上述三类。

5.1.1 致癌

对于射频辐射的研究，最初所涉及的频率都是在工业、科学和医疗领域内普遍应用的频率，最常用的是 2 450 MHz，有时也会用到较低频率如 915 MHz 或 27 MHz。这些射频电磁场均可以产生热效应。而无线通信设备所产生的射频辐射能量通常是比较低的，最近有关致癌性研究所使用的频率范围多为 800～2 100 MHz，比如，全球移动通信系统（GSM）的频率为 902 MHz，手机数据传输系统（DCS）的频率为 1 747 MHz。

采用啮齿类动物作为动物模型来评估射频辐射的致癌作用是一种常用的生物测定方法，但现有研究并没有发现射频电磁场暴露致大鼠或小鼠发生肿瘤的有力证据。通常使用的啮齿类动物包括小鼠、大鼠及一些肿瘤易感品系小鼠。

（1）小鼠

Tillmann 等选择 900 只 8 ~ 9 周龄 B6C3F1 小鼠进行了 GSM 信号（902 MHz）和 DCS 信号（1 747 MHz）长期暴露的致癌性研究。小鼠装在两种标准的聚碳酸酯（$22 \times 16 \times 14$ cm^3）笼子里，一个笼子暴露于 GSM，另一个暴露于 DCS。每天暴露 2 h，每周暴露 5 d，为期 24 个月。暴露结束后，雄性每笼饲养一只，而雌性每笼饲养两只。两周更换一次笼子。每周更换新鲜的食物和饮水。根据平均比吸收率（SAR）的不同，暴露组分为 0.4、1.3 和 4.0 mW/g 等不同小组，每组包含雌性和雄性小鼠各 50 只，分组见表 5 - 1。

表 5 - 1 实验分组

Decoded exposure level	N	Sex	Frequency	SAR (mW/g)	Restraint duration (daily, 5 days/week)
– – – –	50	M	Cage control	– – – –	– – – –
– – – –	50	F	Cage control	– – – –	– – – –
Sham	50	M	902 MHz	0	2 h
Sham	50	F	902 MHz	0	2 h
Low	50	M	902 MHz	0.4	2 h
Low	50	F	902 MHz	0.4	2 h
Medium	50	M	902 MHz	1.3	2 h
Medium	50	F	902 MHz	1.3	2 h
High	50	M	902 MHz	4.0	2 h
High	50	F	902 MHz	4.0	2 h
Sham	50	M	1 747 MHz	0	2 h
Sham	50	F	1 747 MHz	0	2 h
Low	50	M	1 747 MHz	0.4	2 h
Low	50	F	1 747 MHz	0.4	2 h

Decoded exposure level	N	Sex	Frequency	SAR (mW/g)	Restraint duration (daily, 5 days/week)
Medium	50	M	1 747 MHz	1.3	2 h
Medium	50	F	1 747 MHz	1.3	2 h
High	50	M	1 747 MHz	4.0	2 h
High	50	F	1 747 MHz	4.0	2 h
Total	900	M + F			

结果表明：当雄性和雌性 B6C3F1 小鼠暴露在 SAR 最高为 4.0 W/kg 的 GSM 和 DCS 信号时，没有发现任何不良健康效应，也没有发现任何病变（肿瘤和非肿瘤背景）的发生。因此，本研究不能说明射频辐射具有潜在的致癌性（Tillmann 等，2007）。

（2）大鼠

Chou 等（1992）选取 100 只雄性 SD 大鼠（8 周龄）作为研究对象，将其暴露于 2 450 MHz 脉冲式微波，800 脉冲/秒，脉宽 10 μs（SAR 值；幼鼠 0.4 mW/g，年龄较大鼠 0.15 mW/g），每天暴露 21.5 h，每周 7 d，为期 24 个月。结果表明，微波暴露对大鼠存活率和体重的影响没有统计学意义（平均寿命：假暴露组 663 d；暴露组 688 d）。与假暴露组相比，暴露组大鼠确诊为良性或恶性肿瘤的发生率没有显著性增加。而暴露于射频辐射的大鼠所有部位恶性肿瘤总的发生率呈现出增加的趋势。

Bartsch 等（2010）选取雌性 SD 大鼠（年龄，52 - 70 d）作为假暴露组和射频暴露组，GSM 信号 900 MHz，脉冲频率 217 Hz，每天暴露时间大于 23 h，每周 7 d，为期 37 个月。在进行的四个实验中，实验 1 和 2 中每组 12 只大鼠，实验 3 和 4 中每组 30 只大鼠。每笼 12 只大鼠群养。实验中大鼠全身平均比吸收率（SARs）分别为 32.5 ~ 130 mW/kg（当大鼠体重在 170 ~ 200 g），和 15 ~ 60 mW/kg（当大鼠体重在 200 ~ 400 g）。在实验 1 中，存活的大鼠在第 770 d，即 26.7 个月时处死并解剖尸检（死亡率，33%），而在实验 2 中，存活的大鼠在第 580 d，即 19.3 个月时处死并解剖尸检（死亡率，50%）。在实验 1 中，对主要器官进行了组织病理学评价，而在实验 2 中，仅仅进行了大体病理学评价。在实验 3 和 4 中，待大鼠自然死亡后观察了组织病理学宏观改变。在实验 1 和 2 中，暴露于射频辐射的大鼠检测出脑垂体瘤发生率分别为 42% 和 33%，与假暴露组（实验 1，75%；实验 2，50%）相比更少。在实验 3 和 4 中，恶性肿瘤的发病率是降低的，这可能与平均存活时间明显缩短相关。在四组实验中，与假暴露组相比，暴露组并未发现任何组织肿瘤发生率有明显增高。

La Regina 等（2003）将 80 只雌性和 80 只雄性 F344 大鼠（年龄，6 周）作为假暴露组和射频暴露组，于 FDMA 模式频率 835.6 MHz 或者 CDMA 模式频率 847.7 MHz 条件下进行暴露每天 4 h，每周 5 d，为期 24 个月。暴露期间大鼠被限制在一个管状物中。对两种信号来说，大脑平均比吸收率为 1.3 mW/g。暴露组中雄性存活大鼠的体重、各部位肿瘤发生率与同性别假暴露组相比并没有表现出明显的差异。

Anderson 等（2004）将孕期 Fischer 344 大鼠暴露于射频辐射的远场中，频率为 1 620 MHz，每天 2 h，每周 7 d，时间从妊娠第 19 天开始一直到断奶。等大鼠出生后，从第 36 天始，再将子代大鼠雄性和雌性各 90 只分为假暴露组和暴露组，放置于 1 620 MHz 管状射频场近场中，每天 2 h，每周 5 d，为期 24 个月。假暴露组和近场暴露组设计了两个水平暴露剂量（脑部 SAR，0.16、1.6 mW/g）。结果表明：暴露组和对照组的每胎活体数量，存活指数及断奶后体重等均没有统计学差异。存活仔鼠的平均体重在各组间也没有统计学差异。当实验结束时，各组间存活大鼠的百分比也无差异，各组间肿瘤的发生率也相似。

Smith 等（2007）选取 50 只雄性和 50 只雌性 Wistar 大鼠（6 周龄）作为研究对象，分别假暴露或全身暴露于 902 MHz GSM 信号或 1 747 MHz DCS 信号，每天 2 h，每周 5 d，为期 24 个月。暴露组暴露于三种信号：待机，通话和环境。三个暴露组全身 SAR 分别为 0.44、1.33、4.0 mW/g。结果表明：存活率和体重等指标暴露组与假暴露组之间没有统计学差异，良性或恶性肿瘤发生率也不存在显著差异。

（3）转基因和肿瘤易发动物模型

采用传统啮齿类动物研究射频辐射单独致癌作用结果表明，射频辐射对动物肿瘤发生没有诱导作用。后来，科学家们把视角转移到了转基因动物和肿瘤易发动物模型上。

具有特别高的肿瘤发生率（在某些器官）或者在生命早期易发肿瘤的动物品系称为肿瘤易发动物品系。包括通过基因敲除、基因突变等基因操作获取的具有肿瘤易发性的动物品系和其他一些因其遗传因素而具有高肿瘤发病率的动物品系。应用肿瘤易发动物品系的具体研究见表 5-2。此类实验模型中，肿瘤自发率的高低非常重要，如果假暴露组几乎所有的动物都发生肿瘤，那么由射频电磁场暴露引起的附加生物效应的作用就很难显现。因此，表 5 - 2 中也罗列了假暴露组肿瘤发生率的相关信息。然而，在实验期间，即使最终的肿瘤发病率是 100%，或者动物的存活率因肿瘤的发生而降低，或者能在动物表面观察到肉眼可见的肿瘤，也能检测到射频辐射加速肿瘤发展的相关数据。

表 5 - 2 射频辐射的致癌效应：单独的射频暴露和肿瘤易发动物品系

分析端点 （未暴露组肿瘤发病率）	暴露条件	结果	评论	参考文献
雌性 Eμ - Pim1 转基因鼠淋巴瘤（淋巴细胞 3%，非淋巴细胞 19%）	900 MHz GSM 自由体位动物，SAR 0.13 - 1.4 W/kg，2 × 30 min/d，7 d/w，共 18 个月	淋巴瘤发病率升高（主要为非淋巴细胞性淋巴瘤）	100 - 101 只小鼠/组有限的组织病理学	Repacholi 等，1997
雌性 Eμ - Pim1 转基因小鼠淋巴瘤（淋巴细胞 12%，非淋巴细胞 62%）	898.4 MHz GSM 体位受限动物，SAR 0.25、1.0、2.0 或 4.0 W/kg，1 h/d，5 d/w，共 104 w	淋巴瘤发病率未升高（淋巴细胞性淋巴瘤轻微降低）；总肿瘤发病率或存活率无影响	120 只小鼠/组。盲法，野生型动物	Utteridge 等，2002
雌性 AKR/J 小鼠淋巴瘤（90%）	900 MHz GSM 自由体位，SAR 0.4 W/kg，24 h/d，7 d/w，共 10 月	淋巴瘤的发生、白细胞分类计数和动物存活率均无变化；暴露组动物的体重增加	160 只小鼠/组	Sommer，等 2004
Eμ - Pim1 转基因鼠淋巴瘤（淋巴母细胞 4% 雌性，0% 雄性；非淋巴母细胞 40% 雌性，18% 雄性）	900 MHz GSM 体位受限动物，SAR 0.4、1.4、或 4.0 W/kg，1 h/d，7 d/w，共 18 个月	淋巴瘤的发生率无改变，哈德氏腺腺瘤在雄性小鼠的发生率升高，在雌性中无改变	50 只雌性和 50 只雄性动物/组。GLP，盲法研究	Oberto 等，2007

分析端点 (未暴露组肿瘤发病率)	暴露条件	结果	评论	参考文献
雌性 AKR/J 淋巴瘤小鼠（96.7%）	1.966 GHz UMTS 自由体位动物，SAR 0.4 W/kg，24 h/d，7 d/w，共 35 w	淋巴瘤的发生率和严重程度及生存率无改变	160 只小鼠/组	Sommer 等，2007
雌性 C3H/HeJ 小鼠的乳癌（40%）	435 MHg（1 μs 脉冲 1 000 pps）	乳腺癌、乳腺肿瘤、其他肿瘤或存活率无影响（双侧卵巢癌的发病率增加，但是发生卵巢癌的动物的数量增加）	200 只小鼠/组	Toler 等，1997
雌性 C3H/HeJ 小鼠的乳腺癌（55%）	2.45 GHz CW 自由体位 SAR0.3 W/kg 20 h/d，7 d/w，共 78 w	乳腺肿瘤或存活率无影响 肺泡细胞支气管腺瘤的发生率降低 其他肿瘤无影响	100 只小鼠/组双盲法的组织病理学	Frei 等 1998a
雌性 C3H/HeJ 小鼠的乳腺癌（30%）	2.45 GHz CW 自由体位 SAR 1.0 W/kg，20 h/d，7 d/w，共 78 w	乳腺肿瘤、其他肿瘤或存活率均无影响	100 只小鼠/组双盲法的组织病理学 100 只小鼠/组	Frei 等 1998b
雌性 C3H/HeJ 小鼠的乳腺病（52%）	UWB（1.9 ns，1 000 pps）SAR 0.01 W/kg，2 min/d，1 d/w，共 12 w	乳腺肿瘤、其他肿瘤或存活率均无影响	双盲组织病理学	Jauchem 等，2001
初生的 Patcbedl 基因敲除小鼠的肿瘤（髓母细胞癌8%，横纹肌肉瘤51%）	900 MHg、GSM 动物体位受限，SAR 0.4 W/kg 1 h/d，5 d/w，共 1 w	多发肿瘤髓母细胞瘤，横纹肌肉瘤，别的可视的肿瘤，皮肤的癌前病变或存活率	22～36 雌性和 23～29 只雄性动物/组	Saran 等 2007

①$E\mu - Pim1$ 转基因小鼠

转基因 $E\mu - Pim1$ 小鼠由于淋巴细胞中 Pim1 原癌基因过表达，因而易发展成恶性淋巴瘤。根据以往研究报道，$E\mu - Pim1$ 转基因小鼠品系能够自发形成淋巴瘤并且对于外加化学致癌物呈现出发生率升高的趋势（Breuer 等，1989；van Kreijl 等，1998）。

Repacholi 等（1997）以 Pim1 小鼠（6－8 周龄）为研究对象，观察射频辐射对 $E\mu - pim1$ 小鼠淋巴瘤发生率的影响。将 101 只雌性 $E\mu - Pim1$ 杂合子小鼠暴露在 GSM 环境中，频率 900 MHz，时间 18 个月，平均 SAR 为 0.13 － 1.4 mW/g，100 只雌性 $E\mu - Pim1$ 杂合子小鼠作为对照组。结果显示：暴露于 GSM 射频辐射的 $E\mu - Pim1$ 小鼠的淋巴瘤发生率是假暴露组的两倍（P = 0.006）。

Utteridge 等（2002）以 Pim1 小鼠为研究对象，观察 GSM 射频辐射对 $E\mu - Pim1$ 小鼠的致癌作用。将 120 只雌性杂交 $E\mu - Pim1$ 小鼠和 120 只雌性野生型 C57BL/6NTac 小鼠（7.5～9.5 周龄）假暴露或暴露于 894.4 MHz 可调制频率的 GSM 环境中，暴露组又分为四个不同暴露水平（SAR：0.25、1.0、2.0 或 4.0 mW/g），每天 1 h，每周 5 d，共 104 周。结果显示，两个品系动物的暴露组与假暴露组小鼠的生存时间、体重均无显著性差异。而转基因小鼠的生存率相比野生型小鼠显著降低（P < 0.001）。四个暴露水平的暴露组小鼠的淋巴细胞瘤或非淋巴细胞瘤的发生率与假暴露组相比，没有显著增加。

Oberto 等（2007）报告了射频电磁场对转基因小鼠的致癌效应研究。将 50 只雄性和 50 只雌性 $E\mu - Pim1$ 小鼠（9 周龄）分为暴露组和假暴露组，暴露于 GSM 信号，频率 900 MHz，脉冲 217 Hz，脉宽 0.5 ms，全身 SAR 分别为 0、0.5、1.4 或 4.0 mW/g。每天暴露 1 h（上午和下午各 30 min），每周 7 d，长达 18 个月。结果显示：与假暴露组相比，所有雄性暴露组小鼠和暴露于 0.5 mW/g 的雌性小鼠的寿命变短。假暴露组和暴露组中雌雄小鼠恶性淋巴瘤（霍奇金或非霍奇金）的发生率没有统计学差异。与假暴露组相比，暴露组雄性小鼠患哈氏腺瘤的发生率显著升高，且具有一定的剂量依赖关系（P = 0.002 8，单因素检验），这导致了所有良性肿瘤发生率呈现出显著的正相关趋势（P < 0.01）。对雌性小鼠而言，射频暴露组动物患良性、恶性肿瘤或任何类型肿瘤的发生率与暴露剂量之间没有相关性。

②$Patched1^{+/-}$ 小鼠

Saran 等（2007）选择新生 $Patched1^{+/-}$ 基因敲除小鼠（杂合子）作为研

究对象，该动物模型对电离辐射比较敏感，并易患脑瘤和其他组织类型的肿瘤。将 23 – 26 只雄性和 23 – 26 只雌性 Ptc1 $^{+/-}$ 小鼠，22 – 29 只雄性和 22 – 29 只雌性野生型小鼠，从出生后第 2 d 到第 6 d（每次 30 min，每天 2 次）暴露于 900 MHz（全身 SAR 为 4 mW/g）的射频辐射。从脑肿瘤或其他可见的肿瘤发生时开始监测小鼠寿命。无论是 Ptc1 $^{+/-}$ 小鼠还是野生型小鼠，假暴露组和暴露组患神经管细胞瘤的发生率和肿瘤大小，或其他肿瘤的发生率均没有显著性差异。

③*AKR* 小鼠

众所周知，AKR 品系小鼠在一岁以内可以建立淋巴瘤和其他恶性造血系统肿瘤模型。Sommer 等（2004）等将 160 只雌性 AKR/J 小鼠进行 GSM 暴露和假暴露。暴露条件为频率 900 MHz，每天 24 h，每周 7 d，为期 40 周，平均全身 SAR 为 0.4 mW/g。结果表明：暴露组小鼠的体重显著增加，但两组间动物的存活率和淋巴瘤的发生率均无差异。Sommer 等（2007）把 160 只雌性 AKR/J 小鼠（8 周龄）暴露/假暴露于 1 966 MHz 的移动通信系统（UMTS）下，每天 24 h，总共 248 d（43 周），平均 SAR 为 0.4 mW/g。结果显示，对照组 30 只小鼠体重明显小于暴露组和假暴露组。暴露组和假暴露组小鼠的体重、存活率及肿瘤发生率均无统计学差异。三组小鼠淋巴瘤发生率高于 88%（暴露组 88.1%；假暴露组 93.1%；对照组 96.7%）。Lee 等（2011）将 40 只雌性和 40 只雄性 AKR/J 小鼠（5 周龄）同时暴露于 849 MHz（SAR，2 mW/g）和 1 950 MHz（SAR，2 mW/g），每天 45 min，每周 5 d，为期 42 周。结果表明，小鼠体重、存活率及肿瘤发生率在各组间无差异。三组小鼠的淋巴瘤发生率均高于 75%。

④C3H 小鼠

C3H 肿瘤易发小鼠携带有能诱导乳腺肿瘤的经牛奶为媒介进行传播的病毒。Szmigielski 等（1982）将 40 只雌性 C3H/HeA 小鼠从 6 周龄到 12 月龄连续暴露于 2 450 MHz 微波，按照 SAR 不同，动物共分为五组。分别为：假暴露组（SAR =0）、2 – 3 mW/g 组、6 – 8 mW/g 组、束缚应激组和对照组。研究表明，与假暴露组相比，暴露于微波辐射的两组小鼠乳腺肿瘤发生速度更快，且发生率增加具有显著的统计学意义。

Toler 等（1997）将 200 只雌性 C3H/HeJ 小鼠全身暴露或假暴露于 435 MHz 的水平极化波（脉冲宽度：1.0 ps；脉冲频率：1.0kHz；全身 SAR：0.32 mW/g），每天 22 h，每周 7 d，为期 21 个月。结果发现：暴露组和假暴露组小鼠的存活率、体重、乳腺癌的发生率、潜伏期和增长速率均没有显著的统计学差异。

Frei 等（1998）将 100 只雌性 C3H/HeJ 小鼠（3 - 4 周龄）暴露于 2 450 MHz 连续微波，每天 20 h，每周 7 d，为期 18 个月，全身平均 SAR 为 0.3 mW/g。结果表明：小鼠的存活率、体重、乳腺癌的发生率、潜伏期和增长速率均没有显著的统计学差异。

Frei 等（1998）随后又进行了相似的实验，且选取了更高的 SAR（1.0 mW/g），他们将 100 只雌性 C3H/HeJ 小鼠（3 - 4 周龄）连续暴露或假暴露于 2 450 MHz 微波，每天 20 h，每周 7 d，为期 78 周。结果表明：小鼠的存活率、体重、乳腺癌的发生率、潜伏期和增长速率均没有显著的统计学差异。

Jauchem 等（2001）将 100 只雌性 C3H/HeJ 小鼠（3 - 4 周龄）作为实验对象，暴露于超宽谱电磁波脉冲，上升前沿为 176 ps，最大场强 40 kV/m（SAR，0.009 8 mW/g），每周暴露 2 min，共 12 周，随后又进行了为期 64 周的后续暴露。结果表明：两组小鼠的体重、乳腺癌发病率（触诊）、乳腺癌发生潜伏期、增长率或存活率均没有统计学差异；组织病理学评估显示两组小鼠的各类型组织的肿瘤发生率没有显著差异。

⑤OF1 小鼠

OF1 小鼠是众所周知的淋巴组织肿瘤易发小鼠品系，Anghileri 等（2005）将 20 只雌性 OF1 小鼠暴露或假暴露于 800 MHz 射频电磁场，每周 1 d，共 4 个月，并后期观察了 18 个月。结果表明：与假暴露组相比，射频暴露引起淋巴细胞浸润，淋巴细胞性腹水形成和不同组织学类型的肿瘤发生发展得更早。

上述研究表明：目前为止，以啮齿类动物作为动物模型评估射频暴露的致癌作用，没有足够证据证明射频电磁场暴露能诱导动物发生肿瘤。

5.1.2　促癌或协同致癌

大量研究表明，射频电磁场不能直接破坏 DNA。因此，很多研究将目标集中在射频辐射作为无遗传毒性的致癌物质或者协同致癌因子，观察其是否能够增强已知致癌物质的致癌作用。经典的致癌生物测定方法能明确致癌物质的作用机制，但是，由于诱导的肿瘤数量很少，一些研究采用了低水平暴露来检测协同致癌。协同致癌作用的动物研究设计大都建立于诱发和促进肿瘤发生观念的基础上。如一些研究先将动物短期暴露于一个诱发剂（已知的 DNA 损伤试剂），接着长期暴露于促癌剂。然而，这种诱发 - 促进的方法是否能够合理解释遗传毒性和非遗传毒性之间复杂的相互作用仍然是一个问题。尽管大多数射频辐射协同致癌作用的研究都是用一个已知的诱发剂或短时间处理后检测射频辐射是否是一个可能的促进剂，但是也有少部分研究利用了不同的方法，如长期并同时暴露于射频辐射和已知的致癌物质中。

5.1.2.1　脑肿瘤

已有很多研究采用具有遗传毒性的试剂 N - 乙基亚硝脲（ENU）预处理 F344 大鼠（Adey、Shirai 等，1999、2000、2005、2007）和 SD 大鼠（Zook 和 Simmens，2001、2006）制作脑肿瘤模型，然后再暴露于低水平射频电磁场中，观察肿瘤发展的情况。

Shirai 等以 F344 大鼠为研究对象，探讨 1.95 GHz 的 W - CDMA 信号（IMT - 2000 移动系统）暴露，是否会对 ENU 诱导的中枢神经系统肿瘤的发展起到促进作用。实验中，F344 大鼠在妊娠第 18 d，单次给予 ENU 静脉注射。据报道，第 18 d 注射 ENU 最易引起 F1 幼崽发生脑肿瘤。将产下的 500 只幼崽分为五组，每组 50 只雄性和 50 只雌性：第 1 组，无任何处理对照组；第 2 组，ENU 处理；第三组：ENU 处理 + EMF 假暴露；第四组：ENU + EMF（SAR，0.67 W/kg）暴露；第五组：ENU + EMF（SAR，2.0 W/kg）暴露，见表 5 - 3。大鼠头部进行 EMF 暴露，每天 90 min，每周 5 d，持续 104 个星期（2 年）。暴露水平分为低水平暴露（平均 SAR：0.67 W/kg）和高水平暴露（平均 SAR：2.0W/kg）。

结果表明：1.95 GHz W - CDMA 信号长期暴露对 ENU 诱导大鼠致癌性没有促进作用，从而证明，电磁场和患脑肿瘤风险之间没有直接关联。尽管对于啮齿动物而言，2 年是一个漫长的时间段，但是对人类而言，仍不能排除射频辐射的远期效应。

表 5 - 3 动物分组

分组	ENU	EMF	EMF 暴露水平（SAR，W/kg）	动物数（只）	
				雌性	雄性
1	-	-	0	50	50
2	+	-	0	50	50
3	+	+ （Sham）	0	50	50
4	+	+ （Low）	0.67	50	50
5	+	+ （High）	2.0	50	50

有学者观察了 D – AMPS（数字高级移动电话系统）或者调频 836. 55 MHz 射频辐射对经 ENU 诱导的 F344 大鼠脑肿瘤发生率的影响，结果发现脑肿瘤的发生率没有增加（Adey 等，1999、2000）。D – AMPS 暴露组中，中枢神经系统神经胶质瘤的发生率稍微下降（在自发肿瘤中也观察到了同样的趋势），但没有显著的统计学差异。尽管射频暴露组 F344 大鼠的存活率稍微有点增加，但也没有显著的统计学差异。

Shirai 等（2005）也报道了射频电磁场暴露对经 ENU 诱导的 F344 大鼠的肿瘤发生没有明显影响，尽管射频暴露组中雌性 F344 大鼠的脑肿瘤发生率稍微低于假暴露组。实验中 ENU 剂量参考了之前 Adey 等的研究（1999、2000）。结果显示，与假暴露组相比，射频暴露组雄性 F344 大鼠的垂体瘤发生率降低，尤其是 2. 0W/kg 的射频暴露组降低更明显，且具有统计学差异，而在雌性 F344 大鼠中只稍微降低。Shirai 等（2007）采用了类似的实验方案，暴露参数为 1. 95 MHz 的 W – CDMA 信号，而不是 1. 439 MHz TDMA 信号。却得到了完全相反的结果，射频暴露组中雌性和雄性动物的肿瘤发生率均高于假暴露组，但是统计学上没有显著性差异。

Zook 和 Simmens 等（2001）将 SD 大鼠暴露于连续或脉冲式射频辐射中，SAR 为 1 W/kg，结果发现，射频辐射对 ENU 诱导脑肿瘤的发病率、体积、多样性、恶性程度和死亡率以及其他组织器官肿瘤的发展均没有显著影响。经高剂量 ENU 诱导的脑肿瘤动物暴露于脉冲射频电磁场中，脑肿瘤发生率在统计学上也没有显著性变化。2006 年，他们又进一步研究了 MiRS 信号的促癌作用，采用 ENU（6. 25 或 10 mg/kg）对 SD 孕鼠进行预处理，观察了它们子代的神经源性肿瘤的潜伏期和其他特征。实验中将 1 080 只仔鼠按照数量、性别和 ENU 剂量均匀并随机地分为射频暴露组，假暴露组和对照组。射频暴露频率 860 MHz，每天 6 h，每周 5 d，脑部平均 SAR 值为 1. 0 W/kg（全身平均 SAR 值为 0. 27 – 0. 42 W/kg）。在暴露期间大鼠体位固定。每 30 d 处死一批大鼠。解剖所有大鼠并对脑和脊髓进行组织病理学检测。结果发现：有 38 例脊髓肿瘤，191 例脊神经瘤，232 例脑神经肿瘤和 823 例脑瘤。但没有证据表明射频辐射对任何种类的神经源性肿瘤的发生率、恶性肿瘤、体积、多样性、潜伏期和死亡率有影响。

5. 1. 2. 2　多发性肿瘤

Heikkinen 等（2006）在实验动物饮水中连续给予诱变剂和致癌物质 3 – 氯 – 4 – 二氯甲基 – 5 – 羟基 – 2（5H） – 呋喃酮（MX）后暴露于射频辐射，

观察射频辐射对 MX 诱导肿瘤发生的可能影响。雌性 Wistar 大鼠暴露于 900 MHz 调制 GSM 射频电磁场，SAR 分别为 0.3、0.9 W/kg。该实验中 MX 诱导大鼠肿瘤与早前报道的 MX 诱导雌性 Wistar 大鼠的肿瘤相似。结果显示，射频辐射对任何类型肿瘤的死亡率或器官特异性肿瘤的发生率没有影响。与假暴露组相比，唯一具有统计学差异的是，高水平射频暴露复合诱变剂会增加大鼠肠系膜淋巴结血管瘤的发生。但是，与对照组相比，高水平射频暴露诱导肠系膜淋巴结血管瘤高发的现象，可能源于假暴露组中此肿瘤的异乎寻常的低发生率，而非源于高水平射频暴露。

5.1.2.3　淋巴瘤

电离辐射易诱发 CBA/S 小鼠发生淋巴瘤。Heikkinen 等（2001），在实验开始时给予每组 50 只雌性 CBA/S 小鼠（3-5 周龄）全身电离辐射（X 射线，4-6 MV，4Gy，均分为三次剂量，每次 1.33 Gy，每次间隔 1 周），随后暴露于射频电磁辐射，每天 1.5 h，每周 5 d，为期 78 周。第一组为 X 射线联合射频暴露组，暴露于连续调频 NMT900 射频电磁场，频率 902.5 MHz，平均 SAR 为 1.5 mW/g。第二组 X 射线联合射频暴露组，暴露于脉冲 GSM 射频辐射（载波频率 902.4 MHz，脉冲频率 217 Hz），平均 SAR 为 0.35 mW/g。X 射线暴露对照组接受假射频辐射。结果表明：与假暴露组相比，射频辐射不会导致肿瘤发生率显著增加。

5.1.2.4　乳腺肿瘤

有些研究观察了射频电磁场对 7, 12 - 二甲基苯并蒽（DMBA）诱导啮齿类动物乳腺癌发展的影响。尽管在一些实验中发现了促进或抑制肿瘤发展的现象，但是这些结果在其他类似或者相同设计的单独研究中得不到重复。

与迄今发表的其他大多数有关射频电磁场研究不同，Bartsch 等（2002）研究中，射频电磁场日常暴露的时间较长。暴露时动物能够自由活动（每笼 12 只），SAR 值较低（0.1 W/kg 或更低）。每组 60 只雌性 SD 大鼠（年龄，51 d）给予 DMBA 诱导，单次胃内剂量 50 mg/kg。在同一天，大鼠假暴露或暴露于 GSM 信号，载波频率 900 MHz（脉冲频率 217 Hz），每天 23 h，每周 7 d，共 259 - 334 d。三年中，选择群养大鼠作为研究对象，进行了完全相同的三次实验。每次实验开始时，全身 SAR 为 32.5 - 130 mW/kg；11 个月时，全身 SARs 为 15 - 60 mW/kg；全身平均 SAR 为 17.5 - 70 mW/kg。当乳腺肿瘤直径达到 1 - 2 cm 时，将大鼠处死，采用组织病理学方法对肿瘤进行评价。

结果表明：与假暴露组相比，暴露组良性或恶性肿瘤的发生率均没有差异。在第一次实验中，观察到暴露于射频辐射的大鼠，乳腺肿瘤发生出现延迟具有显著的统计学意义。但是该结果在第二次和第三次实验中没有得到证实。三次实验缺乏可重复性。因此，射频电磁场对 DMBA 诱导的 SD 大鼠的乳腺肿瘤的发展没有影响。

Anane 等（2003）进行了两个单独的实验，一个在春季－夏季进行，另一个在秋季进行。暴露于 GSM 信号，频率为 900 MHz，但是两次暴露强度不同。实验 I 中，SAR 为 1.4，2.2 或 3.5 W/kg，实验 II 中 SAR 为 0.1，0.7 或 1.4 W/kg，暴露条件为 2 h/d，5 d/w，共 9 周。两个实验中每组动物的数量均为 14～16 只。动物在射频电磁场暴露前 10 天连续给予 DMBA 注射。结果表明：与对照组相比，1.4 mW/g 暴露组大鼠的乳腺癌发生率降低。总的来说，乳腺癌潜伏期的多样性或体积均没有差异。由于射频暴露组与乳腺癌发生相关性的实验数据缺乏可重复性，该研究在一定程度上被削弱了。整体上，没有得到一致性的实验结果。但在实验 I 中，1.4 和 2.2 W/kg 暴露组动物的恶性乳腺癌发生率增加，而实验 II 中 1.4 W/kg 暴露组动物的恶性乳腺癌发生率降低。作者认为从全球范围来看，该参数（1.4 W/kg）的射频暴露不能引起恶性乳腺癌的发生。

Yu 等（2006）也报道了射频电磁场对 DMBA 诱导的 SD 大鼠乳腺肿瘤的发展没有影响。在 Yu 等的实验中，每组有 100 只动物，暴露水平最高为 4 W/kg。结果发现，在最低水平 SAR 下，乳腺癌的发生率是较低的，但肿瘤的体积稍微大于只暴露于 DMBA 的动物。在最高水平的 SAR 下，乳腺癌的发展稍微增强，但这些差异均没有显著的统计学意义。对照组和其他实验组中，对照组的体重和乳腺肿瘤的数量以及发展速度具有显著性差异。但射频辐射对乳腺肿瘤的发展没有促进作用。

Hruby 等（2008）在研究中采用了 Yu 等（2006）类似的实验设计。他们发现在射频暴露组和假暴露组之间存在几个统计学上显著差异的结果。所有射频暴露组的乳腺癌组织肿块较假暴露组更易触及到，但是在三组射频暴露组间（0.4、1.3 和 4W/kg）没有显著性差异。假暴露组的恶性乳腺癌的发生率最低，高水平暴露组的恶性乳腺癌的发生率显著增加。然而，三组射频暴露组的良性乳腺癌的发生率均显著低于假暴露组。假暴露组和三组射频暴露组患良性和恶性肿瘤的动物的数量相近。在所有分组中，对照组大鼠的肿瘤的恶性程度和发生率是最高的，把 Hruby（2008）和 Yu 等（2006）的研究相比，发现这两个研究均报道：三个暴露组动物乳腺癌的发生和发展速度相似，只有其中一组的肿瘤发展速度较慢。Hruby 等（2005）发现假暴露组中肿瘤发展速度最慢，而 Yu 等（2006）发现在 SAR 为 0.44 W/kg 时肿瘤的发展速度最慢。两个研究一致报道了对照组肿瘤的高发生率，这很可能与对照组不同的处理方式有关（不同的应激水平，不同的食物摄入量）。

5.1.2.5　皮肤肿瘤

Chagnaud 等（1999）以 SD 大鼠为研究对象，单次皮下注射剂量 2mg 苯巴比妥，处理 20、40 和 70 d 后，每组 8 - 18 只雌性 SD 大鼠暴露于 GSM 信号，全身 SAR 为 75 mW/kg，每天 2 h，每周 5 d，为期 2 周。另一组采用苯巴比妥处理，于 40 天后暴露于 GSM 信号，全身 SAR 为 270 mW/kg。对于每个 GSM 信号暴露组，均包括一个假暴露组，总共有 8 组。该研究在苯巴比妥处理后约 160 d 终止。从 90 d 到 100 d 可检测出小却容易觉察到的肿瘤（肉瘤）。结果表明：不同组之间肿瘤的发展或生存时间并不存在统一的模式。由于暴露条件受限、样品数量小等原因，该研究价值可能被削弱。

Szmigielski 等（1982）同样对 BALB/c 小鼠进行苯巴比妥处理，方法为：给 BALB/c 小鼠（每组 40 只）皮肤涂抹 5% 的苯巴比妥 10 μL，隔日进行，共 5 个月，同时暴露于 2 450 MHz 射频辐射，每天 2 h，每周 6 d。一项实验中，小鼠先暴露于射频辐射，SAR 分别为 0（假暴露组）、2 - 3 mW/g（暴露组），再给予皮肤涂抹苯巴比妥，为期 1 - 3 个月。另一项实验中，各组小鼠暴露于射频辐射，SAR 分别为 0、2 - 3 或 6 - 8 mW/g，同时给苯巴比妥皮肤涂抹。研究表明：两组实验中不同吸收剂量的微波辐射均可以促进苯巴比妥诱导的皮肤癌的发展。

Szudziński 等（1982）进行了第二次实验研究，动物共分为六组，每组 100 只成年雄性 BALB/c 小鼠，将 1% 的苯巴比妥 10 μL 隔天涂到小鼠皮肤肩胛区域，共 6 个月。采用了两种不同的 2 450 MHz 暴露。第一次实验，共三组小鼠。小鼠先暴露于射频辐射（平均全身 SAR 为 4 mW/g），每天 2 h，每周 6 d，分别暴露 1、2、3 个月，再给小鼠涂抹苯巴比妥。第二次实验，共三组小鼠。小鼠暴露于射频辐射，全身 SAR 分别为 0、2 或 6 mW/g，每天 2 h，每周 6 d，为期 6 个月，暴露同时给予小鼠苯巴比妥处理。研究表明：两种实验方案中，射频辐射均促进了苯巴比妥诱导的皮肤癌的发展，缩短了动物寿命。

Imaida 等（2001）将 ICR 雌性小鼠（10 周龄），背部脱毛露出皮肤后涂抹 100 μg DMBA。涂抹一周后，连续射频暴露 19 周。第一组（48 只）暴露于 TDMA 信号近场，频率 1.49 GHz，50 pps，每天 90 min，每周 5 d，皮肤局部峰值 SAR 为 2.0 mW/g。第二组（48 只）作为假暴露组。第三组（30 只）每只小鼠每周局部注射 4.0 μg 12 − O − 十四烷酰佛波醇 − 13 − 醋酸酯（TPA）。第四组（30 只）没有接受其他处理。结果显示：四组雌性 ICR 小鼠的皮肤乳头状肿瘤或癌（合并）发生率分别为 0/48，0/48，29/30，1/30。

Huang 等（2005）也进行了类似的实验，将 20 只雄性 ICR 小鼠（7 周龄）皮肤涂抹 100 μg DMBA，涂抹一周后，连续射频暴露 19 周。第一组暴露于 4.0 μg TPA，每周 2 次。第二组为假暴露组。第三组暴露于 849 MHz CDMA 信号（45 min，每天两次，暴露间隔 15 min，每周 5 d）。第四组暴露于 1 763 MHz CDMA 信号，暴露条件同第三组。全身 SAR 为 0.4 mW/g。结果显示：仅在 DMBA/TPA 处理过的阳性对照组检测出皮肤肿瘤。

转基因雌性 K2 小鼠可以过表达人类鸟氨酸脱羧酶（ODC）基因，Heikkinen 等（2003）研究发现，849 MHz 或 902 MHz 的 GSM 或 D − AMPS 的脉冲射频电磁场不能影响紫外线辐射（UV）诱导的雌性转基因 K2 小鼠的鸟氨酸脱羧酶活性以及同窝的非转基因小鼠皮肤肿瘤的发展。该实验分为三组，每组 45 − 49 只野生型同窝出生的转基因雌性 K2 小鼠联合暴露于紫外线和脉冲射频电磁场。紫外线辐射剂量 240 J/m²，每周三次，共进行 52 周。假暴露或暴露于射频电磁辐射小鼠，每天 1.5 h，每周 5 d，共 52 周。其中第一组小鼠暴露于 849 MHz 的 D − AMPS 射频辐射；第二组暴露于 902.4 MHz 的 GSM 射频辐射；第三组为假暴露组。暴露组平均 SAR 为 0.5 mW/g。对照组包括 20 只小鼠。结果表明：不论是暴露于紫外线辐照还是射频辐射的各组之间在存活率或体重方面均没有差异。紫外线辐射诱发的皮肤肿瘤在非转基因小鼠占 12%，转基因小鼠中占 37%。射频辐射暴露对转基因或野生小鼠来说，均未能诱发皮肤鳞状细胞癌。

Mason 等（2001）研究发现雌性 SENCAR 小鼠单次或重复 94 GHz 毫米波暴露不能促进 DMBA 或 DMBA + TPA 联合诱导的皮肤癌的发展。射频辐射暴露能引起皮肤温度升高 13 − 15℃（单次暴露）或 4 − 5℃（重复暴露）。

Mason 等以 SENCAR 小鼠为研究对象，研究了 94 GHz 毫米波是否对皮肤癌具有促进作用。每组 27 − 55 只雌性 SENCAR 小鼠背部涂抹 10nmol（2.56 μg）的 DMBA 制作诱发皮肤癌模型。小鼠经 DMBA 皮肤涂抹诱发皮肤癌两周后，小鼠背部接受射频暴露 10 s。第一组小鼠进行连续毫米波近场射频辐射（94 GHz，1.0 W/cm²）；第二组小鼠进行红外电磁波（1.5 W/cm²）辐照。两组暴露条件均导致皮肤温度升高（13 − 15℃）；第三组小鼠为假暴露组。在阳性对照组中，小鼠接受促进剂对 TPA 诱发。23 周以后。研究发现，暴露于射频辐射、红外线辐射或者假暴露组小鼠皮肤癌的发病率和多样性相似，而 TPA 处理组小鼠皮肤癌的发病率和多样性明显增加。

随后 Mason 等（2001）又进行了一次实验，小鼠重复暴露于射频辐射（333 mW/cm²）或者红外线电磁波（600 mW/cm²）中 10 秒钟，每周两次，共 12 周，研究电磁辐射对皮肤癌的促进作用或者与 TPA 的协同促癌作用。每组包括 50 只雌性 SENCAR 小鼠，给小鼠背部涂抹 DMBA 诱发皮肤癌，两周后再给予进一步处理。第一组为：DMBA 处理 + 假辐射组；第二组为：DMBA + TPA + 假辐射组；第三组为：TPA + 假辐射组；第四组为：DMBA + 333 mW/cm² 射频辐射；第五组为：DMBA + TPA + 333 mW/cm² 射频辐射；第六组为：DMBA + 600 mW/cm² 红外线电磁波辐射；第七组为：DMBA + TPA + 600 mW/cm² 红外线电磁波辐射；第八组作为假暴露组。该实验从开始诱发到 25 周后终止。研究表明：TPA 可促进皮肤癌的发病率和多样性的增加，而与 DMBA 处理假暴露组相比，射频电磁场与红外电磁波暴露对皮肤癌发病率和多样性并没有促进作用。与 TPA + 假暴露组相比，同时暴露于 TPA 与射频辐射或者 TPA 与红外电磁波辐射同样也没有增加皮肤癌发病率或肿瘤多样性。因此，该研究表明，连续毫米波不会促进或联合促进皮肤肿瘤的发生。

5.1.2.6 结肠肿瘤

为了评价射频辐射暴露是否对结肠具有致癌作用，Wu 等（1994）将 BALB/c 小鼠作为研究对象，分为三组，每组 26 - 32 只雄性和 26 - 32 只雌性（4 - 5 周龄）。小鼠每周皮下注射二甲肼（DMH），剂量 15 mg/kg，为期 14 周，随后剂量增加至 20mg/kg 体重，为期 8 周。第一次注射 DMH 3 周后，开始进行假暴露或暴露于 2 450 MHz 射频辐射（SAR 为 10 - 12 mW/g），每天 3 h，每周 6 d，为期 5 个月。或者给予每周腹腔内注射对 TPA，每只小鼠 2 μg，为期 10 周。对照组小鼠给予皮下注射生理盐水。结果显示：尽管 DMH 处理的各组小鼠中结肠癌的发生率相似，但射频辐射暴露组每只动物的肿瘤数更多，肿瘤更大。

5.1.2.7 中期肝癌发生模型

Imaida 等（1998）将大鼠进行二乙基亚硝胺（DEN）处理，在数周后切除部分肝脏，动物暴露于 1.49 GHz 或 929.2 MHz，SAR 为 0.4 - 0.8 W/kg（肝脏中 SAR 最大值为 0.9 - 2.0 W/kg）的脉冲射频电磁场，时间为 6 周。结果发现，射频辐射不能促进大鼠中期肝癌的发生。有趣的是，两个研究中射频暴露组动物的一个大鼠肝癌前病变的标记物即肝病灶中谷胱甘肽 S - 转移酶阳性稍微降低，且在 1.49 GHz 时具有显著的统计学差异。与 DEN 单独暴露的对照组相比，射频暴露组 GSTp 水平相同，但假暴露组动物水平更高。在暴露结束时，射频暴露组动物血清中的促肾上腺皮质激素，皮质酮和褪黑激素水平均有所增加。

Tillmann 等（2010）研究了经 N - 乙基 - N - 亚硝基（ENU）处理的孕期雌性 B6C3F1 小鼠受射频辐射后对子代肿瘤发生的可能影响。小鼠从妊娠第 6 天开始暴露于 1 966 MHz UMTS 信号，直到分娩后 2 年停止辐射。小鼠在妊娠第 14 天腹腔注射 ENU（40 mg/kg）。子代小鼠每组 54 - 60 只，UMTS 射频辐射功率分别为 0、4.8 或 48 W/m^2，每天 20 h，每周 7 d。第一组为对照组；第二组为 ENU 处理组；第三组为假暴露组；第四组为 ENU + 4.8 W/m^2 UMTS 射频辐射；第五组为 ENU + 48 W/m^2 UMTS 射频辐射。比较研究了未经 ENU 处理的各组小鼠的肿瘤发生率。研究表明：暴露于 ENU + 射频辐射的实验组小鼠的细支气管肺泡癌，肝细胞腺癌的发生率有所增加。

5.1.2.8　射频电磁场对移植瘤的影响

研究射频辐射对移植瘤的影响也是研究射频辐射致癌性的方法之一。

Salford（1993、1997）和 Higashikubo（1999）等分别研究了射频辐射对大鼠胶质瘤移植瘤和胶质肉瘤移植瘤是否有促进作用。分别把大鼠胶质瘤细胞（Salford 等，1993、1997）和胶质肉瘤细胞（Higashikubo 等，1999）移植入 Fischer 344 大鼠中，并暴露于 835 - 915 MHz 的射频电磁场，SAR 为 0.008 - 1.67 W/kg。结果发现，射频电磁场并没有影响大鼠脑肿瘤的生长。

Logani（2004）、Logani（2006）和 Radzievsky（2004）研究射频辐射对移植瘤是否具有促进作用。小鼠注射黑色素瘤细胞后，短期暴露于高强度的微波辐射（42 ~ 61 GHz），局部组织温度升高。结果发现：黑色素瘤的发展变得迟缓。上述研究表明：射频辐射作为无遗传毒性的致癌物质或者协同致癌因子，不能增强已知致癌试剂的致癌作用。

截至目前，射频电磁场的致癌性研究已经在多种动物模型中进行，包括利用经典的啮齿类动物进行生物测定；利用具有遗传倾向的动物进行实验；射频电磁场暴露与已知致癌物质间的协同致癌性研究；评估射频场对移植瘤发展的影响。总体而言，这些研究没有证据表明射频电磁场具有致癌性。仅 Repacholi（1997）等人报道了一个显著的阳性结果，他们研究发现，将具有淋巴瘤倾向的转基因小鼠暴露于与 900 MHz GSM 射频电磁场后，小鼠的淋巴瘤发病率增加了两倍。但这一发现在后续研究中并没有得到证实。

很多研究都存在方法学的不足和对实验方法的说明不足等缺点，尤其是在早期研究中，这就使得对研究质量难以进行评价。然而，近期的研究大多数是高质量的，很多研究都是在良好实验室规范的原则下进行。这些研究一致报道射频电磁场在各种动物模型中均缺乏致癌效应。

除了动物致癌实验的一般性限制，射频电磁场在癌症风险评估中的应用也受到挑战，目前作为暴露限值，SAR 水平不能增加很多，因为这样可以排除热机制产生的生物学效应。虽然没有证据表明过热可致癌，但 Dewhirst 等（2003）研究报道过热与肿瘤发生过程，如 DNA 修复、基因突变形成等相关。现有研究中射频电磁场的致癌风险评估与动物组织温度升高所引起的效应无关，因为现阶段暴露水平避免了热效应的发生。因此，近期研究旨在评估弱射频电磁场通过非热效应对健康产生不良影响的可能性。化学致癌实验研究中存在的非常普遍的问题是大剂量化学品使用。这一做法因可能引起假阳性而遭到批判（Ames 和 Gold，1990），但可通过增加肿瘤动物的数量来扩大样本量，提供了足够的统计学证据来检测致癌性。因为研究中尚无法应用高暴露水平，所以很多研究通过采用具有遗传倾向的实验动物或者与已知致癌物共同暴露的方案来增加肿瘤数量和统计功效。此外，很多研究采用了一个相当低的暴露水平（甚至低于目前全身暴露限值水平的 0.4 W/kg），但 Ebert 等（2005）研究使用了 SAR 值低于或等于 4 W/kg 的多个暴露水平，他们认为大于此限值可能引起体温升高。

在动物实验研究中，选择射频暴露系统遵循的原则是：既要考虑约束动物可能会产生的应激效应又要考虑射频辐射剂量测定的精确性。如果允许动物在射频电磁场中自由活动，它们在电磁场中的位置和方向就会改变，也可能被其他动物所屏蔽。而这将在辐射剂量测定方面产生很大的不确定性。因此，在很多动物研究中通过固定动物来实现精确的剂量测定。但所导致的应激将影响实验结果。比如，在很多研究中发现对日常生活的约束和限制导致应激反应，假暴露组动物（体位固定）的体重低于对照组动物（体位没有固定）（Heikkinen 等，2003；Oberto 等，2007；Shirai 等，2007；Smith 等，2007；Yu 等，2006；Zook 和 Simmens，2006）。在另一些研究中，假暴露组（固定）的肿瘤发生率低于对照组（没有固定），而存活率高于对照组，这可能是因为固定组动物的能量摄入减少从而抑制了肿瘤的发展（Imaida 等，2001；Keenan 等，1996；Klurfeld 等，1991；Sinha 等，1988）。由于射频暴露组和假暴露组动物均被固定，在评估射频辐射致癌性的实验研究中不会引起实验偏差。很多研究中包括自由活动的动物，基本上均为阴性结果，与动物操作无关（固定或不固定）。

总而言之，啮齿类动物致癌性研究的结果是一致的，表明 SAR 水平达到 4 W/kg 时也没有发现致癌作用。大多研究采用移动通信系统频率，只有少数研究结果是基于 800 MHz 以下或者 2 500 MHz 以上。该频率范围的致癌作用与多数针对手机用户的流行病学调查结果一致（Ahlbom 等，2008；Ahlbom 等，2009）。尽管流行病学研究目前无法得出确切的结论，但是动物和人体实验研究结果表明：暴露于低于 ICNIRP 标准（1998）的 800 – 2500 MHz 的射频电磁场可能不会引起人类癌症发生，射频辐射对已知致癌剂的致癌性也没有促进作用。

5.1.3　射频辐射遗传毒性

人群流行病学调查和动物实验研究提示，射频辐射可能会增加某些肿瘤的发生率，而肿瘤的发生往往与 DNA 损伤密切相关，因此在体或离体研究射频辐射对 DNA 的损伤效应已成为生物电磁学领域的热点。

5.1.3.1　人体研究

（1）职业暴露

①射频辐射对 DNA 的影响

DNA，中文名为脱氧核糖核酸，是由配对的碱基（腺嘌呤和胸腺嘧啶，鸟嘌呤和胞嘧啶）经脱氧核糖的缩合，磷酸酯化，通过磷酸二酯键和氢键的连接形成的双螺旋结构。

DNA 链中精确的碱基顺序构成携带遗传信息的密码，按照 DNA 中的遗传信息，通过转录、翻译、编码合成机体生命活动中需要的多种多样的特异蛋白质。DNA 大分子在细胞生长、增殖、分化和遗传上起着极为重要的作用，是细胞中最重要的生物大分子之一。

有研究报道，射频电磁场可以导致某些细胞的 DNA 损伤，但同时也存在一些阴性结果的报道，因此，手机射频辐射是否致 DNA 损伤还存在争议。低强度电磁场是一种相对较弱的环境影响因子，由于能量太低（其能量甚至不能打断最弱的化学键）而不足以直接引起 DNA 链的断裂，但它可能通过信号的级联放大作用或激活其他中介物，从而间接作用于 DNA，但这种作用可能很弱，造成的损伤也可能被细胞本身的 DNA 修复系统及时修复，彗星实验所显示的是细胞对遗传毒性物质反应的最后结果。目前国内外实验室大都采用彗星实验方法来检测电磁场对 DNA 的损伤作用。

2002 年 Cavallo 等人研究了 40 名暴露于宇宙射线、雷达设备电磁场以及喷气流体污染物的飞行员和飞行技术人员，以及 40 名地面工作人员（非暴露组）的 DNA 损伤情况。彗星实验结果表明：与非暴露组的地面勤务人员相比，暴露组人员外周血淋巴细胞 DNA 链断裂频率小幅增加，但无统计学意义。2009 年 Garaj – Vrhovac 和 Orescanin 通过彗星实验检测了职业暴露人员外周血淋巴细胞 DNA 链断裂以及对博莱霉素的敏感性，研究对象为从事雷达设备和天线系统工作的 10 名工作人员、10 名对照组人员。彗星实验结果表明：与对照组相比，暴露组 DNA 损伤增加。博莱霉素敏感性检测结果显示，暴露组染色单体断裂数量增多，所有差异均具有统计学意义。

②射频辐射对微核形成的影响

微核（micronucleus，简称 MCN），也叫卫星核，是真核类生物细胞中的一种异常结构，是染色体畸变在间期细胞中的一种表现形式。微核往往是各种理化因子，如辐射、化学药剂对分裂细胞作用而产生。

微核试验是检测染色体或有丝分裂期损伤的一种遗传毒性实验方法。无着丝粒的染色体片段或因纺锤体受损而丢失的整个染色体，在细胞分裂后期仍留在子细胞的胞质内形成微核。最常用的是啮齿类动物骨髓嗜多染红细胞（PCE）和外周血淋巴细胞微核试验。微核试验常用于辐射损伤、辐射防护、化学诱变剂、新药试验、食品添加剂的安全评价，以及染色体遗传疾病和癌症前期诊断等各个方面。

1990 年 Garaj – Vrhovac 等人首次报道了雷达设施维修服务站的 10 位工作者的微核检测结果，发现：与对照人群相比，暴露人群微核形成增加。1999 年他们又研究了 12 名雷达装置和天线维修站的工作人员，发现这些工作人员每 500 个细胞中有 8 – 23 个细胞会形成微核，而对照组每 500 个细胞中只有 2 – 7 个细胞会形成微核，暴露人群微核形成率明显高于对照组，统计分析具有显著差异。1992 年 Fucić 等人测量了多种职业暴露工作者淋巴细胞微核表面积，其中暴露因素包括：微波脉冲、X 射线（两年内受照剂量 < 25 mSv）以及氯乙烯单体（VCM 平均浓度 50 ppm）。研究发现，暴露于 X 射线以及氯乙烯单体的人群，体积较小微核形成数量增加，提示 X 射线和以及氯乙烯单体具有染色体断裂作用。而暴露于微波辐射的人群体积较小和较大微核形成数量均增加，提示微波辐射具有导致染色体断裂和非整倍体毒性双重作用。

③射频辐射对染色体的影响

染色体是细胞核中载有遗传信息（基因）的物质，在显微镜下呈圆柱状或杆状，主要由脱氧核糖核酸和蛋白质组成，在细胞发生有丝分裂时期容易被碱性染料（例如龙胆紫和醋酸洋红）着色，因此而得名。染色体畸变指染色体数目的增减或结构的改变。因此，染色体畸变可分为数目畸变和结构畸变两大类。

1990 年 Garaj – Vrhovac 等人首次报道了雷达设施维修服务站的 10 位工作者的研究结果，发现：与对照组相比，暴露组染色体畸变频率增加，主要表现为染色单体和染色体断裂，无着丝点片段，具双着丝环，多中心染色体。随后他们又对急性暴露于高功率密度飞机雷达维修站的 6 位工作人员进行了为期 30 周的随访，结果发现，染色体畸变总数呈减少趋势。1995 年 Maes 等人以负责维修手机通信系统中传输天线的 6 位工作者以及与之相匹配的 6 位对照者为研究对象，观察了职业射频暴露对染色体畸变的影响，结果显示：与对照组相比，暴露组工人的染色体畸变率没有增加。随后他们又进一步研究了 49 名无线电工程师，11 名管理工作者。其中部分人员参与了早期的研究。上述实验结果表明：暴露组与对照组之间染色体畸变或姐妹染色单体互换均没有差异。

2001 年 Lali 等人调查研究了 20 名工作于移动通信和无线电转发站的工作人员，这些人每天暴露于电磁辐射环境中，以及另外 25 名 X 射线技术员、放射科护士和工程师，这些人每天暴露于电离辐射环境中，分析结果表明，两组人群的染色体畸变率均有所增加，与电离辐射组相比，暴露于非电离辐射组的人员，双着丝粒染色体发生率更高。同年，Othman 等人检测了空中交通管制员和暴露于各种设备辐射的射频电磁波的工程师的染色体畸变情况。在研究中，他们采集了 18 位工作人员和 5 位没有接受暴露的对照组（均为男性）人员的外周血淋巴细胞，培养 72 h 用可重复的 α – 卫星探针的荧光原位杂交法检测了第 7、12、17 号染色体和 Y 染色体的不同区域，用来确定非整倍体细胞数量。研究结果表明：与假暴露组相比，暴露组人群含有 7 号和 17 号染色体单拷贝的细胞比率分别为 6.6% 和 6.1%，缺少 Y 染色体的细胞比率为 8.4%，而相应对照组它们各自的细胞比率分别为 3.2%，3.7% 和 4.5%。随后，该研究小组又开展了进一步的研究，他们检查了 26 名空中交通管制员、24 名工程师和 10 名对照组人员的淋巴细胞。传统的细胞遗传学技术显示：与假暴露组相比，暴露组人员染色体结构畸变率和数目畸变率都有所增加。暴露于射频辐射者，90% 细胞是亚二倍体，即表明染色体缺失。姐妹染色单体互换频率同样增加，但是不具有统计学意义。该研究小组指出，传统的细胞遗传学技术比荧光原位杂交检测技术在计算染色体畸变数目时可靠性相对差一些。

（2）环境暴露

①手机或基站射频电磁场暴露对 DNA 的影响

2005 年 Gandhi 和 Anita 通过彗星实验研究了 24 名手机使用者和 10 名非手机使用者淋巴细胞 DNA 链断裂现象。结果发现，手机使用者淋巴细胞 DNA 损伤率为 40%，平均彗星尾长度为 27 μm；而对于非手机使用者该值相对较低，分别为 10% 和 8 μm，结果显示两组间差异非常显著。该结果与 1996 年 Balode 等的报道一致，Balode 等检测了 67 头雌性奶牛的血液样本，这些奶牛生活的农场位于斯库纳达无线电定位站附近。对照组 100 头奶牛的选择条件是：除暴露条件外，其余都与暴露组相似。对红细胞微核形成率进行分析后发现，与对照组相比，暴露组奶牛红细胞微核形成率显著增加，且具有统计学意义。

②手机暴露对微核形成的影响

当人们将手机置于耳朵附近通话时，手机射频辐射范围波及至口腔。口腔黏膜具有丰富的血流供应且具有相对可渗透性。复层鳞状上皮的外层厚度大约 40－50 个细胞。这些片状剥落的细胞能够很容易从成人、青少年及儿童中通过无创途径获取。鉴于以上原因，研究者们对手机使用者剥落口腔细胞的微核形成率进行了研究。2005 年，Gandhi 和 Singh 收集了 25 名手机使用者和 25 名非手机使用者口腔细胞。研究发现，手机使用者平均微核形成率为 0.82 ± 0.09%，非手机使用者平均微核形成率为 0.06 ± 0.003%（P ＜ 0.05）。同年，他们又研究了 20 名手机使用者和 8 名非手机使用者淋巴细胞微核形成率。结果发现，手机使用者每 40 000 个细胞中有 100 个形成微核，而非手机使用者每 16 000 个细胞中有 8 个形成微核，即微核形成率前者为 0.25‰，后者为 0.05‰。结果表明两组间有显著统计学差异。

2008 年 Yadav 和 Sharma 收集了 85 名手机使用者和 24 名非手机使用者口腔细胞。每个供体者的细胞总数为 1 000 个，检测其微核形成率，以及其他指标，比如核溶解、核碎裂以及形成双核细胞等现象。结果发现，手机使用者平均微核形成率为 1.07%，明显高于非手机使用者（0.4%）。其他指标没有观察到明显变化。提示微核形成率的增加与使用手机有关。

2010 年 Hintzsche 和 Stopper 检测了 112 名手机使用者和 13 名非手机使用者口腔细胞微核形成率。实验选择 4 名接受放射治疗的患者为阳性对照以及 4 名健康者为阴性对照。结果发现，手机使用者和非手机使用者平均微核形成率无差异。同时，他们又根据每周使用手机时数以及持续使用手机长达 10 年以上进行细分组，结果也没有发现差异。

③手机暴露对染色体的影响

2003 年 Gadhia 等采集了 24 名数字移动电话使用者以及 24 名相匹配对照组的外周血液样本。每组均包括 12 名禁烟/禁酒者和 12 名抽烟/酗酒者（抽烟者每天 10 – 15 支，酗酒者没有给出具体数据）。淋巴细胞培养 72 h 后进行细胞遗传学分析，结果表明，抽烟/喝酒的手机使用者染色单体裂隙和双着丝粒染色体发生率明显增加，但是在禁烟/禁酒者人群中未显著增加。而两种分类的手机使用者姐妹染色单体互换发生率是明显增加的。2005 年他们又采集了 25 名手机使用者和 25 名非手机使用者的淋巴细胞，培养 72 h，对淋巴细胞染色体 G 段进行研究。结果发现，与对照组相比，手机使用者淋巴细胞分裂中期畸变发生率明显增加。

以上研究中提到的混杂因素，如吸烟、酒精消耗量等，由于样本量较小，这些因素对观察到的阳性结果的影响很难确定。总的来说，尽管职业射频辐射或手机均有基因毒性阳性结果的报道，但目前还没有足够的证据证明二者之间具有直接的相关性。

5.1.3.2 动物研究

（1）不同频段射频辐射对 DNA 的影响

① 915 MHz

2006 年 Belyaev 等采用 SAR 为 0.4 W/kg 的全球移动通讯系统（GSM）915 MHz 电磁场暴露大鼠 2 h，结果显示，大鼠脑、脾及胸腺细胞中都未能检测到 DNA 双链断裂，提示较低强度的射频电磁场暴露不能导致大鼠脑、脾及胸腺细胞的 DNA 损伤效应。

② 2 450 MHz

1994 年 Sarkar 等人将瑞士白化小鼠全身暴露于 2 450 MHz 射频辐射中，功率密度为 1 mW/cm²，SAR 为 1.18 W/kg，每天 2 h，分别连续暴露 120、150 或 200 d，结果发现，与对照组相比，小鼠脑和睾丸的 DNA 序列长度发生明显改变。1995 年 Lai 等人将大鼠暴露于 SAR 为 0.6 或 1.2 W/kg，频率为 2 450 MHz 脉冲微波中 2、4 h，用彗星实验方法检测 DNA 损伤情况，发现脑细胞 DNA 单链断裂和 DNA 双链断裂均增加，并且存在剂量依赖性。Malyapa 等重复了该实验，却得到阴性结果，随后，他们将雄性 SD 大鼠暴露于 2 450 MHz 连续波射频辐射 2 h，SAR 为 1.2 W/kg，从暴露组和假暴露组大鼠大脑皮质或海马区分离出细胞，采用彗星实验评估 DNA 损伤，彗尾长度或归一化彗星矩结果均未显示两组之间存在显著差异。同样，Lagroye 等人将 SD 大鼠暴露于 2 450 MHz 脉冲波射频辐射连续 2 h，SAR 为 1.2 W/kg，碱性彗星实验结果显示，暴露组大鼠脑细胞中没有检测到 DNA 损伤。此后，Kesari 等人将 Wistar 大鼠暴露于 2 450MHz 射频辐射，功率密度为 0.34 mW/cm^2，每天 2 h，共 35 d，全身 SAR 为 0.11 W/kg。中性彗星实验检测整个脑组织中 DNA 双链断裂。结果发现，与假暴露组相比，暴露组脑细胞各个彗星分析参数均显著增加，不同抗氧化酶水平显著改变，例如谷胱甘肽过氧化物酶、超氧化物歧化酶、组蛋白激酶的水平均降低，过氧化氢酶水平增加，提示射频暴露后 DNA 损伤的改变与氧化应激有关。

（2）不同频段射频辐射对微核形成的影响

①800 MHz – 1 800 MHz

2009 年 Ziemann 等人观察了暴露于 902 MHz 的 GSM 和 1 747 MHz 的数字移动通信系统（Digital Cellular System，DCS）射频辐射对 B6C3F1/CrlBR 小鼠红细胞微核形成的影响，暴露条件如下：SAR 为 0.4、1.3 或 4.0 W/kg，每天暴露 2 h，每周 5 d，暴露 2 年。结果表明，暴露组、假暴露组或对照组小鼠红细胞微核形成率均没有差异。该结果与 2003 年 Vijayalaxmi 等人的报道一致，后者将 344 只大鼠于妊娠第 19 天开始全身暴露于 1 600 MHz 射频辐射的远场区，每天 2 h，每周 7 d，胎鼠出生后继续接受射频辐射暴露直至断奶。全身平均 SAR 为 0.036 – 0.077W/kg（脑部比吸收率为 0.10 – 0.22 W/kg）。然后将雄雌幼鼠头部暴露于 1 600 MHz 的近场区，每天 2 h，每周 5 d，为期 2 年，脑部 SAR 为 0.16 或者 1.6 W/kg。研究结果显示，暴露组、假暴露组与正常对照组之间骨髓多染红细胞微核形成率均没有差异。2005 年 Gorlitz 等人将 B6C3F1 小鼠暴露于 900 MHz 或 1 800 MHz 射频辐射，每天 2 h，为期 1 周或 6 周。其中，1 周实验组 SAR 高达 33.2 W/kg；6 周实验组 SAR 高达 24.9 W/kg，实验结果表明，与对照组相比，射频辐射暴露组小鼠外周血红细胞或骨髓、角质细胞或脾脏淋巴细胞微核形成率均没有变化。

2007 年 Juutilainen 等人将雌性转基因 K2 小鼠和同窝出生的非转基因小鼠暴露于 849 MHz 的 GSM 或 902 MHz 的 DAMPS 数字手机信号中，SAR 为 0.5 W/kg，每天暴露 1.5 h，每周 5 d，共暴露 52 周。第二个研究所用小鼠，除了对照笼，还将小鼠暴露于模仿太阳光谱中的紫外线中，暴露剂量为人体最低红斑剂量的 1.2 倍（最低红斑剂量 MED，200 J/m^2），每周暴露 3 次。实验结果表明，不管是单独射频暴露还是与紫外线联合暴露，对小鼠骨髓嗜多染红细胞微核形成率均没有影响。同时，他们还对暴露于射频辐射的大鼠子代微核形成进行了相关研究。将妊娠第一天 Wistar 大鼠放置于树脂玻璃实验笼中，

手机放置在实验笼附近，射频辐射参数为：频率 834 MHz，场强 26.8 –
40 V/m，垂直极化，峰值功率 600 mW，SAR 理论计算值为 0.55 – 1.23
W/kg，每天 8.5 h。整个妊娠期一直连续暴露。结果发现，新生幼鼠（年龄：
2 d）红细胞微核形成率显著增加。2012 年 Sekeroğlu 等人将成熟的和未成熟
的大鼠骨髓细胞暴露于 1 800 MHz 的高频电磁场中 45 d，恢复 15 d（不接受
辐照），SAR 为 0.37 W/kg 和 0.49 W/kg，每天 2 h，共 45 d，结果发现，暴
露组与对照组之间大鼠微核形成率有显著差异。而且未成熟大鼠较成熟大
鼠差异更加显著。

　　②2 450 MHz

　　Vijayalaxmi 等人将 C3H/HeJ 小鼠暴露于 2 450 MHz 圆形极化波导管中进
行连续射频辐射，平均全身 SAR 为 1.0 W/kg，每天 20 h，每周 7 d，为期 18
个月。外周血和骨髓涂片观察嗜多染红细胞微核。研究发现，暴露组与假暴
露组小鼠微核形成没有差异，但修正后的结果发现，长期接受射频暴露的小
鼠外周血和骨髓中微核形成率有轻微的增加。随后，他们将 Wistar 大鼠连续
12 h 暴露于 2 450 MHz 连续波射频辐射，平均全身 SAR 为 12 W/kg，结果发
现，射频辐射暴露对外周血和骨髓细胞微核形成没有影响。但是，Trosic 等人
将成年雄性 Wistar 大鼠暴露于 2 450 MHz 连续波射频辐射，每天 2 h，每周
7 d，连续 30 d。射频电磁辐射的功率密度为 5 – 10 mW/cm^2，SAR 为 1 –
2 W/kg。结果发现，与假暴露组相比，每天 2 h 暴露，连续接受 8 次射频暴
露的大鼠，其嗜多染性红细胞微核形成率显著增加，但对接受 2、15 和 30 次
射频暴露的大鼠其嗜多染性红细胞微核形成率没有影响。2006 年 Trosic 和
Busljeta 在后续的研究中报道了相似的结果。

　　③10 GHz – 50 GHz

　　2010 年 Kumar 等人将 Wistar 大鼠连续暴露于 10 GHz 或 50 GHz 射频辐射，
SAR 分别为 0.014 W/kg 和 0.000 8 W/kg，每天 2 h，共 45 d。在两种暴露条
件下，均发现微核形成率显著增加。但是，有报道将成年雄性 BALB/c 小鼠
全身暴露于 42 GHz 射频辐射（功率密度为 31.5 mW/cm^2；峰值 SAR 为 622
W/kg），每天 30 min，连续照射三天。结果显示，与假暴露组相比，暴露组
小鼠外周血和骨髓中微核形成率均没有变化。

　　（3）不同频段射频辐射对染色体的影响

　　①20 – 200 MHz

　　Mittler 等人将成年雄性果蝇暴露于 20 W 发射机产生的 146.34 MHz、或者
300 W 发射机产生的 29.00 MHz 的射频辐射 12 h。观察了果蝇 X 或 Y 染色体

缺失、染色体不分离现象以及诱发性染色体隐性致死突变，结果发现，与非暴露组相比，暴露组上述指标均无显著变化。在随后的研究中，他们发现果蝇暴露于频率为 98.5 MHz，场强为 0.3 V/m 的射频辐射中 32 周，暴露组与非暴露组之间果蝇性染色体隐性致死突变发生率无显著差异。

②1 800 MHz－2 450 MHz

据报道，将成熟的和未成熟的大鼠骨髓细胞暴露于 1 800 MHz 的高频电磁场中 45 d，恢复 15 d（不接受暴露），SAR 为 0.37 W/kg 和 0.49 W/kg，每天 2 h，共 45 d，结果发现，暴露组与对照组之间染色体畸变、细胞有丝分裂指数等有显著差异，而且，与成熟大鼠相比，未成熟大鼠的遗传毒性效应更加显著。Hamnerius 等将果蝇暴露于不同频段射频辐射后，观察了基因突变率的变化，研究发现，当果蝇胚胎分别暴露于 3 100 MHz 连续波射频辐射、2 450 MHz 脉冲波辐射以及 27.12 MHz 连续波电场或磁场，平均 SAR 为 100 W/kg，为期 6 天后，未发现基因突变率有任何变化。Marec 等将黑腹果蝇暴露于 2 375 MHz 连续波射频辐射，功率密度为 15 W/cm^2，每天 60 min；功率密度为 20 W/cm^2，每天 10 min；功率密度为 25 W/cm^2，每天 5 min，连续 5 天暴露，观察射频辐射暴露对果蝇性染色体隐形致死突变的影响。结果发现，射频辐射暴露对果蝇基因突变率的影响没有显著性差异。

5.1.3.3　细胞研究

（1）不同频段射频辐射对 DNA 的影响

① 800 MHz－1 000 MHz

Malyapa 等人将小鼠 C3H 10T$_{1/2}$ 成纤维细胞（指数生长期和平稳期）暴露于 835.62 MHz FMCW 信号或者 847.74 MHz CDMA 信号中（SAR，0.6 W/kg），长达 24 h。采用碱性彗星实验检测了射频辐射对 DNA 链断裂的诱导作用。结果发现，与假暴露组相比，FMCW 与 CDMA 两种不同射频辐射暴露组 DNA 链断裂均没有显著差异。2001 年 Li 等人将小鼠 C3H 10T$_{1/2}$ 成纤维细胞暴露于 847.74 MHz CDMA 信号或 835.62 MHz FDMA 信号的射频辐射中，SAR 为 3.2－5.1 W/kg，暴露时间分别为 2、4、24 h。采用碱性彗星实验检测 DNA 链断裂。结果发现，与假暴露组相比，不同射频辐射暴露（CDMA 或 FDMA）对 DNA 链断裂没有影响。此外，细胞暴露于射频辐射 2 h 后继续孵育 4 h，结果也没有发现细胞尾矩或尾长发生显著性改变。

1998 年，Phillips 等人观察了射频辐射暴露对人淋巴白血病细胞 DNA 链断裂的诱导作用。他们将细胞暴露于 813 或 835 MHz iDEN 信号和 TDMA 信号，暴露时间分别为 2、3、21 h，采用的 SAR 分别为：2.4、24、2.6、26 mW/kg。结果显示，当细胞暴露于第 2、21 h 组的 DNA 链断裂数量会呈现总体减少趋势；2004 年 Hook 等人采用了与 Phillips 等人实验研究中同样的辐射暴露信号（813.56 - 847.74 MHz），SAR 为 2.4 mW/kg - 3.4 W/kg，结果发现，射频辐射暴露并没有诱导白血病细胞 DNA 链断裂。

2008 年，Tiwari 等人将人体外周血淋巴细胞暴露于 835 MHz，SAR 为 1.17 W/kg 的射频场中，暴露时间为 1 h，细胞经 DNA 修复抑制剂蚜肠霉素（APC）0.2 或 2 μg/ml 处理或未处理。研究发现，射频辐射或低剂量蚜肠霉素（APC）单独作用均不会诱导细胞 DNA 链断裂。射频辐射联合低剂量（P = 0.025）和高剂量（P = 0.025）蚜肠霉素（APC）导致细胞 DNA 链断裂显著增加。将人淋巴细胞暴露于 835 MHz，SAR 为 1.17 W/kg 的射频辐射后，再将细胞培养于含有阿非迪霉素（一种 DNA 修复抑制剂）的培养液中。结果发现，单独射频辐射暴露对细胞 DNA 单链断裂没有影响。阿非迪霉素联合射频辐射暴露可以增加细胞 DNA 链断裂数量，但该损伤是可修复的。

②900 MHz - 1 800 MHz

2010 年，Zhijian 等人将人 HMy2. CIR 淋巴 B 细胞暴露于 1 800 MHz 脉冲射频中 6 - 24 h，SAR 为 2 W/kg，结果发现，射频辐射对 DNA 链断裂没有产生诱导作用。Scarfi 等人选用对遗传毒性比较敏感的两株皮肤成纤维细胞，将其暴露于 900 MHz 脉冲射频辐射，SAR 为 1 W/kg，结果显示，射频辐射对两株细胞的 DNA 链断裂或微核形成均没有影响。Sannino 等人选用同样的细胞将其暴露于 900 MHz，SAR 为 1 W/kg 的射频场中 24 h，随后给予 3 - 氯 -4 - 二氯甲基 -5 - 羟基 -2（5 氯）- 呋喃酮（MX）处理 1 h，实验结果表明，射频辐射对 3 - 氯 -4 - 二氯甲基 -5 - 羟基 -2（5 氯）- 呋喃酮（MX）诱导的 DNA 链断裂数量没有影响。

由于听觉细胞经常暴露于射频辐射环境中，2008 年 Huang 等人观察了射频辐射对听觉细胞的影响。他们将耳蜗毛细胞株暴露于不同频率的移动电话设备中，24 或 48 h。结果表明，与假暴露组相比，暴露组细胞分裂周期、DNA 链断裂、应激反应和基因表达谱均没有发生改变。

2008 年 Valbonesi 等人将人体 HTR - 8/SVneo 滋养层细胞暴露于 1 818 MHz 脉冲射频辐射 1 h，SAR 为 2 W/kg，结果发现对 DNA 链断裂没有诱导作用。随后，Franzellitti 等人将该滋养层细胞暴露于 1 800 MHz 连续波射频辐射中 4、16 或 24 h，也没有发现对其 DNA 链断裂产生诱导作用。

Chuan Liu 等人采用小鼠 GC -2 精母细胞，探讨了射频电磁辐射可能引起的基因毒性以及产生这种基因毒性的机制。研究采用频率为 1 800 MHz，信号为 GSM – Talk，SAR 分别设为 1 W/kg、2 W/kg 和 4 W/kg 的射频辐射，暴露总时间为 24 h，暴露方式为间断暴露：5 min 开，10 min 关。检测 DNA 碱基氧化损伤使用 FPG 修饰的碱性彗星实验。研究结果表明，射频辐射暴露引起了 DNA 碱基氧化损伤。提示，射频辐射的能量虽不足以导致 DNA 链的断裂，但可通过 DNA 碱基的氧化损伤产生基因毒性。Hook 等人将小鼠 GC – 2 精母细胞暴露于 SAR 均为 3.2 W/kg 的 CDMA 和 FDMA；SAR 为 2.4 或 24 mW/kg 的 iDEN 或 SAR 为 2.6 或 26 mW/kg 的 TDMA 调制的射频电磁场，却未检测到射频暴露对细胞 DNA 的损伤作用。Vijayalaxmi 和 Obe 对 1990—2003 年有关射频辐射的遗传毒性效应的大量研究进行总结，发现 58% 的研究未发现遗传物质损伤增加，23% 发现有损伤增加现象，19% 没有定论。

2005 年 Diem 等人将 SV40 转化的大鼠卵巢颗粒细胞和人 ES – 1 皮肤成纤维细胞连续或间歇式暴露于 1 800 MHz 的手机射频电磁场，SAR 为 1.2 或 2 W/kg，暴露时间为 4、16、24 h，然后检测 DNA 单链、双链断裂。实验结果表明，暴露时间超过 16 h 的连续或间歇式射频暴露均可诱导 DNA 单链或双链断裂的明显增加，且间歇式暴露比连续暴露效应更明显。2007 年 Speit 等人重复了 Diem 等的实验。在该实验中他们采用了同样的 ES – 1 皮肤成纤维细胞，同一厂家生产的同样暴露装置和暴露条件，频率 1 800 MHz，SAR 为 2 W/kg，分别进行连续或间歇式暴露。但是没有观察到射频辐射对 DNA 链断裂产生影响。

Lixia 等人将永生化人晶状体上皮细胞系 SRA01/04 暴露于 1 800 MHz，SAR 为 1、2 或 3 W/kg 的脉冲射频辐射，暴露时间为 2 h，暴露后细胞继续孵育 30、60、120 或 240 min，检测 DNA 损伤和修复情况，结果显示，当 SAR 为 3 W/kg 时，暴露后即刻 DNA 链断裂显著增加，30 min 后开始降低，直到降至对照组水平；当 SAR 为 1 和 2 W/kg 时，暴露组与假暴露组之间没有显著差异。在另一个类似研究中，也发现当 SAR 为 1 和 2 W/kg 时，射频辐射对 DNA 单链断裂没有影响；当 SAR 为 3 和 4 W/kg 时，DNA 单链断裂显著增加。

张丹英等人将中国仓鼠肺成纤维细胞（Chinese Hamster Lung Fibroblast Cell，CHL）暴露于场强为 1 800 MHz，SAR 为 3 W/kg，时间为 1、24 h，采用 5 min 开/10 min 关的间断暴露模式。γH2AX 免疫荧光法检测 DNA 损伤情况，结果显示，SAR 为 3 W/kg 的射频电磁场，24 h 暴露后 CHL 细胞 DNA 损伤明显增加，而 1 h 暴露作用不明显。提示在 SAR 水平相同的条件下，暴露时间或剂量是影响手机辐射对 DNA 损伤效应的主要因素，射频电磁场对 DNA 损伤可能存在累积效应。

③1 900 MHz – 2 450 MHz

2008 年 Zeni 等将人体淋巴细胞进行了射频电磁场间歇式暴露：6 min 开，2 h 关，频率为 1 900 MHz，SAR 为 2.2 W/kg，暴露时间 24 – 68 h，结果表明，1 900 MHz 射频辐射不会引起 DNA 链断裂。同年 Zeni 等人还观察了间歇式射频电磁场对 PHA – 刺激或未刺激的人淋巴细胞的影响，该次实验射频辐射频率是 1 950 MHz，5 min 开，10 min 关，SAR 为 0.1 W/kg，实验结果与前面报道的一致，即射频辐射不会导致 DNA 链断裂。

2008 年 Schwarz 等人将 ES – 1 细胞连续或间歇式暴露于 1 950 MHz 射频辐射 UMTS 信号中，SAR 为 0.05 – 2 W/kg，实验结果显示，当 SAR 为 0.05 W/kg 时，彗尾参数显著增加。当 SAR 为 0.05 W/kg 时，微核形成率也显著增加。可是，在另一个以外周血液淋巴细胞为研究对象的类似实验中，没有观察到上述结果。

2006 年 Sakuma 等人观察了来自低剂量手机射频电磁辐射产生的基因毒性效应，观察发现频率为 2.145 GHz，SAR 高达 800 mW/kg 的脉冲射频中，暴露 2 h 或 24 h，结果发现，对人胶质瘤 A172 细胞和正常胎儿肺成纤维 IMR – 90 细胞 DNA 链断裂没有影响。将人体正常胎儿肺成纤维 IMR – 90 细胞暴露于 2 000 MHz，SAR 为 80 mW/kg，脉冲射频辐射 24 h，结果发现，射频辐射对 DNA 断裂没有诱导作用。

Lai 和 Singh 将雄性 SD 大鼠脑部细胞暴露于低功率 2 450 MHz 脉冲或连续射频辐射 2 h，SAR 为 0.6 或 1.2 W/kg，暴露 4 h 后，采用中性或碱性彗星实验检测了 DNA 损伤，结果显示，DNA 单链或双链断裂数量增加。作者指出，该实验结果可能归因于射频辐射对 DNA 直接损伤或对 DNA 修复的影响。在随后进行的实验中，他们应用自由基清除剂进行干预，发现射频辐射效应减轻，表明自由基参与了射频辐射诱导的大鼠脑部 DNA 损伤过程。2006 年 Paulraj 和 Behari 将大鼠脑细胞暴露于 2 450 MHz 或 16.5 GHz 射频辐射，SAR 为 1.0 或 2.01 W/kg，每天 2 h，暴露 35 d，应用碱性彗星实验检测 DNA 断裂水平，结果显示，大鼠脑细胞 DNA 断裂水平显著增加。综合考虑上述结果，提示，2 450 MHz 射频辐射短期和长期暴露均可导致脑细胞 DNA 损伤。但是以人 U87MG 和 MO54 胶质瘤细胞为研究对象进行的类似研究却没有观察到对 DNA 的损伤效应。据报道将人淋巴细胞和 C3H 10T$_{1/2}$ 小鼠成纤维细胞暴露于 2 450 MHz 射频辐射后，也未发现射频辐射对 DNA 损伤产生影响。

（2）不同频段射频辐射对微核形成的影响

①800 MHz – 1 000 MHz

2002 年 Bisht 等人将小鼠 C3H 10T$_{1/2}$ 的成纤维细胞暴露于 835.62 MHz CD-MA 信号中，SAR 为 3.2 或 4.8 W/kg；或暴露于 847.74 MHz FDMA 信号中，SAR 为 3.2 或 5.1 W/kg，暴露时间分别为 3、8、16、24 h。研究表明，该条件下的射频辐射不能诱导微核的形成。随后，Hintzsche 等人以人源性 HaCaT 细胞和人类与仓鼠杂交的 AL 细胞为研究对象，观察了 900 MHz 连续波暴露细胞 30 min 对微核形成的影响，结果显示，在暴露组和假暴露组之间微核形成率没有显著差异。

②1 800 MHz – 9 000 MHz

1992 年 Garaj – Vrhovac 等将人外周血液淋巴细胞暴露于 7 700 MHz，功率密度高达 30 mW/cm^2 的连续波射频辐射中，结果发现微核形成率均显著增加。随后 Zotti – Martelli 等人将源自两名志愿者的全血暴露于 2 450 MHz 或 7 700 MHz 连续波射频辐射，暴露时间为 15、30 和 60 min，功率密度分别为 10、20 和 30 mW/cm^2，研究结果显示，功率密度为 30 mW/cm^2 时，微核形成率增加。此后，他们又观察了暴露于 1 800 MHz 射频辐射的九名志愿者，发现其淋巴细胞微核形成率也有所增加。Ambrosio 等人报道 1 748 MHz 或 9 000 MHz 脉冲波射频辐射，暴露时间分别为 10、15 min，对淋巴细胞微核形成的增加具有促进作用，而在同样频率的连续波射频辐射却没有任何效应。Koyama 等将中国仓鼠卵巢（CHO）K1 细胞暴露于 2 450 MHz 射频辐射，暴露 18 h，平均 SAR 为 13、39 或 50 W/kg，输入功率 7.8W，研究结果发现，此暴露条件对微核形成没有影响；当暴露 SAR 分别为 78 或 100 W/kg，输入功率 13 W，微核形成率显著增加；在随后的研究中，作者还报道了暴露于 2 450 MHz，SAR 为 100 或 200 W/kg，共 2 h，微核形成率显著增加。

与此同时，也存在一些阴性报道。如 Zhang 等将人淋巴细胞暴露于 2 450 MHz 脉冲射频辐射，结果发现，与对照组相比，射频辐射暴露对微核形成没有诱导作用。此外，Zeni 等人报道 1 950 MHz 射频辐射对淋巴细胞微核形成没有显著影响。

（3）不同频段射频辐射对染色体的影响

①800 MHz – 1 800 MHz

Antonopoulos 等人将人外周血淋巴细胞暴露于 380 – 1 800 MHz 射频辐射 72 h，SAR 为 0.08 – 1.7 W/kg，发现射频辐射对姐妹染色单体互换并没有产生影响。随后，研究者们对包括 835.62、847.74、935，1 800 – 10 500 MHz

在内的不同频段射频辐射进行了研究，结果表明，射频辐射没有诱导染色体畸变发生。

但是，Maes 等人报道，将人类淋巴细胞暴露于 954 MHz 脉冲波射频辐射，染色体畸变频率增加，主要表现形式为双着丝粒或无着丝点片段。进一步研究显示，射频辐射对姐妹染色单体互换没有产生影响。此后，他们将人淋巴细胞暴露于频率为 455.7 MHz，SAR 为 6.5 W/kg 或频率为 900 MHz，SAR 为 0.4 - 10 W/kg 的射频辐射，暴露时间为 2 h，结果并没有发现染色体畸变或姐妹染色单体互换增加。Eberle 等将人淋巴细胞暴露于频率为 440、900 或 1 800 MHz，SAR 为 1.5 W/kg，暴露时间为 39、50 和 70 h，观察染色体畸变、微核形成、姐妹染色单体互换和 HPRT 基因位点突变，结果发现，与对照组比，所有上述指标均无变化。

②1 950 MHz - 2 450 MHz

Manti 等人采用完整染色体 1 和 2 特定的分子探针对源自四位捐赠者的淋巴细胞进行了 FISH 分析。实验中将细胞暴露于 1 950 MHz（UMTS）射频辐射，SAR 为 0.5 或 2.0 W/kg，为期 24 h，结果显示，当 SAR 为 0.5 W/kg 时，对淋巴细胞染色体畸变没有影响；当 SAR 为 2 W/kg 时，每个细胞的染色体畸变率小幅增加并具有统计学意义。该结果与之前 Garaj - Vrhovac 等人的报道一致，不同的是：该实验选用的射频辐射频率为 7 700 MHz，功率密度为 30 mW/cm^2。Maes 等将人外周血淋巴细胞暴露于 2 450 MHz 脉冲波射频辐射，SAR 为 75 W/kg，共 30 或 120 min，研究发现，染色体畸变率的增加与暴露时间有相关性，但并没有诱导姐妹染色单体互换。

同时，阴性结果也不乏报道。如 Vijayalaxmi 等人将人淋巴细胞暴露于 2 450 MHz 射频辐射 90 min，或 835 MHz 或 847 MHz 连续射频辐射中 24 h，或 2 450 MHz 或 8 200 MHz 中 2 h，研究结果均显示射频辐射不会引起染色体畸变率的增加。同样，Komatsubara 等将小鼠 m5S 细胞暴露于 2 450 MHz 连续波或脉冲射频辐射，平均 SAR 为 5、10、20、50 或 100 W/kg，暴露 2 h，结果显示，与假暴露组相比，各暴露组染色体畸变率均没有观察到明显变化。

尽管研究者们从人群水平、动物水平和细胞水平对射频辐射的遗传毒性进行了大量研究但是由于各实验室研究方法不同，选用的射频辐射参数及周围环境等不同，细胞和动物的品系不同等原因，研究结果尚不一致甚至存在争议，对已获得的阳性结果仍需进行多中心重复研究进行验证，以提供足够的有力证据证明射频辐射是否具有遗传毒性。

5.2　射频辐射对中枢神经系统的影响

众所周知，通话时人们往往将手机紧贴头部，使中枢神经系统受到较高强度的射频辐射，且手机射频辐射能够穿过头皮和颅骨被脑组织吸收。射频辐射能量在脑内的分布不仅与手机设计有关，还与通话时手机的位置、通话时间及大脑的解剖结构有关。手机辐射能量在一定范围内被大脑吸收，并且会对神经元的活性产生影响。尽管手机的辐射强度很低，但如果其振动频率与神经元内所记录的一些振动频率一致，则可干扰神经元的活动。故而，手机射频辐射对中枢神经系统的影响更加受到关注。

5.2.1　学习记忆

学习和记忆是两个相互联系的过程，学习是获取新信息和新知识的神经过程，而记忆则是对所获取信息的保存和读出的神经过程。为了解手机产生的射频电磁场对大脑的学习记忆功能是否存在影响，研究者们开展了大量的动物实验和人体实验研究，但是研究结果存在争议。

5.2.1.1　动物实验

有研究表明，手机射频辐射可以影响学习记忆功能。Nittby 等将 Fisher 大鼠暴露于 900 MHz，SAR 值为 0.6 W/kg 的手机射频辐射中，每周 2 h，暴露 55 周后检测暴露组和对照组动物的学习记忆功能，发现暴露组大鼠的学习记忆能力下降。但也有报道手机射频辐射不会对动物的学习记忆能力产生影响。Dubreuil 等将大鼠暴露于载频 900 MHz GSM 手机（脉冲频率 217 Hz）产生的电磁场中，脑部 SAR 值为 1 W/kg 和 3.5 W/kg，暴露时间 45 min，暴露后测试两项空间学习记忆能力，结果发现各组之间没有差别。Yamaguchi 等将 SD 大鼠暴露于载频 1 439 MHz TDMA 系统（脉冲频率 50 Hz，脉冲宽度 6.7 ms）产生的电磁场中，迷宫测试结果显示，暴露于脑部 SAR 平均值为 7.5 W/kg（全身 SAR 平均值为 1.7 W/kg）的电磁场 4 d 或 4 周（每天 1 h）后，大鼠学习记忆能力没有改变。而暴露于脑部 SAR 平均值为 25 W/kg（全身 SAR 平均值为 5.7 W/kg）的电磁场 4 d（每天 45 min）后，大鼠学习记忆能力受损。研究者认为后者学习记忆能力受损可能与暴露导致的体温升高有关。

Bouji 等研究了中年大鼠大脑对于射频电磁场暴露的反应性，他们评估了

GSM 射频电磁场（频率 900 MHz，SAR 为 6 W/kg）暴露 15 min 对 12 月龄大鼠的影响，发现暴露组中年大鼠记忆能力反而增强。

　　由于实验动物的寿命有限，因此，目前只能了解电磁场暴露对动物学习记忆能力产生的短期影响，而无法得知长期、低剂量暴露条件下的情况。另外，人与动物生理结构的差别以及暴露方式的不同也使动物实验结果的外推到人受到很大限制。

5.2.1.2　人体实验

　　Leung 等比较了手机射频辐射对三种不同年龄人群（青少年，中年人，老年人）的影响，发现手机射频暴露可以影响人类的认知，尤其是对青少年。需要指出的是，与现今及以前开展的其他类似实验的区别是：Leung 等选择的认知任务是根据每位参与者的能力水平量身定做的。Koivisto 等研究了载频 902 MHz 电磁场对 48 个健康人认知功能的影响，发现手机辐射对 14 项认知测试指标中的 3 项（单纯反应时间、警惕性和心算时间）起到了轻微的促进作用。随后，其他研究者重复了该实验，但在方法上有所改进，结果发现，受试者反应时间和回答问题的准确性均没有差别，认为使用 GSM 手机对认知能力并无影响。在此期间，其他实验室也开展了关于手机辐射对注意力影响的研究。Lee 等研究表明，暴露于手机辐射会对注意力起轻微的促进作用。Edelsty 等将受试者暴露于载频 900 MHz 电磁场中 30 min 后，也发现了类似的结果。芬兰一项研究结果显示，手机射频辐射可使简单反应加速，心算所需时间缩短，但该研究未能成功重复。关于认知能力，Loughran 等研究未能证明手机射频辐射对青少年及成人的认知行为有任何影响，Wiholm 等通过重复使用双盲设计研究调查了射频暴露（884 MHz）对空间记忆和学习的影响。暴露过程模拟了现实生活中手机通话情况，通话者大脑左半部峰值 SAR 为 1.4 W/kg，参与者为日常手机用户，结果显示，射频暴露对空间学习记忆有影响。

　　目前，多数人体实验结果显示，手机辐射对大脑的认知、学习、记忆能力没有影响，但是这些实验中采用的暴露时间都比较短，只能说明短期使用手机后不会产生影响，而无法说明长期使用手机是否存在影响。

5.2.2　血脑屏障

　　血脑屏障（Blood Brain Barrier，BBB）是由脑内毛细血管的内皮细胞和邻近细胞紧密连结而形成的一种具有选择性通透作用的屏障。哺乳动物 BBB 由内皮细胞通过紧密连接以及相邻周细胞和细胞外基质组成。它有助于保持一个高度稳定的细胞外环境，维持所需的准确的突触传递和保护神经组织免受伤害，BBB 通透性的增加可能是有害的。BBB 通透性评估方法包括采用组织学方法对示踪剂进行染色，以及测量示踪剂在血液和脑组织中的浓度。BBB 能阻止有害物质进入脑组织，允许代谢所必需的分子进入。但是，许多原因如水肿、缺氧、高血压和电离辐射等都可以增加 BBB 的通透性。BBB 的功能在于保证脑的内环境的高度稳定性，以利于中枢神经系统的机能活动，同时能阻止异物（微生物、毒素等）的侵入而起到保护作用。射频辐射是否会增加 BBB 通透性目前还存在争议。

5.2.2.1 在体研究

Sirav 等将雄性和雌性大鼠麻醉状态下暴露于 0.9 GHz 和 1.8 GHz 连续波射频电磁场（SARs 为 4.26 mW/kg 和 1.46 mW/kg）20 min，应用 Evans - blue 染料分光光度法检测雌雄大鼠暴露后右脑、左脑、小脑和大脑 BBB 的完整性。结果发现，射频辐射暴露后，在雌性大鼠大脑没有出现白蛋白外渗，而在雄性大鼠大脑，暴露组白蛋白外渗较对照组显著增加。这些结果表明，暴露于 0.9 GHz 和 1.8 GHz 连续波射频辐射，即使低于国际限制的水平也会影响雄性大鼠的大脑微血管的通透性。另有一些研究报道了低功率 915 MHz 的电磁辐射暴露可以改变 BBB 通透性。这些结果引起了人们对手机等无线通讯设备安全性的关注。McQuade 等将未麻醉大鼠暴露于连续波或调制（16 Hz 或 217 Hz）915 MHz 的横向电磁传输场 30 min，全身 SARs 为 0.001 8 - 20 W/kg。采用白蛋白免疫组织化学方法检测 BBB 的完整性。统计分析发现，与对照组相比，射频电磁辐射没有显著增加白蛋白的外渗，提示 BBB 完整性没有遭到破坏。

Finnie 等研究了移动电话暴露对未成熟小鼠 BBB 通透性的影响。他们使用专门设计的 900 MHz 暴露系统，对怀孕的小鼠进行一次性的远场全身暴露，SAR 为 4W/kg，60 min/d，暴露时间为妊娠的第 1 - 19 d。怀孕对照组小鼠或假暴露组小鼠自由体位没有限制，同时设置阳性对照组（金属镉所引起的 BBB 破坏组）。在妊娠第 19 天分娩前立即收集胎鼠大脑，Bouin 固定剂固定和石蜡包埋。利用内源性白蛋白作为血管示踪剂的特点，采用免疫组化方法检测大脑皮层、丘脑、基底神经节、海马、小脑、中脑和髓质中 BBB 的完整性。结果没有发现在暴露组大脑有白蛋白外渗，提示在这种动物模型中，整个妊娠期暴露于全球移动系统射频场不会导致 BBB 通透性增加。

Salford 等将大鼠暴露于 GSM 手机产生的电磁场中，全身平均 SAR 值为2、

20、200 mW/kg，发现暴露后 BBB 通透性增加。该小组的另一项研究，用 SAR 为 0.016 – 5 W/kg 的连续和脉冲调制的 915 MHz 射频场暴露大鼠 2 h，也发现 SAR 低于 2.5 W/kg 的射频场暴露后，脑组织中白蛋白含量明显增加。在 Fritze 等的研究中，将大鼠暴露于载频 900 MHz GSM 手机产生的电磁场中，暴露组脑部 SAR 值分别为 0.3、1.5、7.5 W/kg，结果表明，在 SAR 值为 7.5 W/kg 时透过 BBB 的白蛋白明显增加。Finnie 等研究发现，短期暴露（1 h）于载频 898.3 MHz GSM 手机产生的电磁场中，脑部最高 SAR 值 4 W/kg 条件下，大鼠 BBB 通透性没有改变。据报道，大鼠长期暴露（2 年）于载频 900 MHz GSM 手机产生的电磁场中，脑部最高 SAR 值 4 W/kg 条件下，大鼠 BBB 通透性也没有改变。研究表明，微波引起 BBB 改变的脑温要在 42.5℃ 维持 60 min 或 44.3℃ 维持 30 min 才会发生，有人提出射频场损伤动物 BBB 的温度阈值为 43℃。

5.2.2.2　体外模型研究

移动电话的广泛使用引起了公众对射频辐射可能对健康产生不利影响的担忧。Franke 等采用体外培养的猪脑微血管内皮细胞（PBEC）作为 BBB 体外模型，研究了 UMTS 信号对紧密连接、转运过程以及形态的影响。使 PBEC 连续暴露于电磁场 84 h，平均场强为 3.4 – 34 V/m（最大 1.8 W/kg）并确保不产生热效应。结果显示，在暴露过程中，反应 BBB 通透性的量化指标 –^{14}C 标记的蔗糖和血清白蛋白渗透以及跨内皮电阻（TEER）值与对照组相比均无明显变化。BBB 转运基质的量以及紧密连接蛋白 Occludin 和 ZO – 1 的定位和完整性也没有明显变化。Schirmacher 等将大鼠脑星形胶质细胞和猪脑血管内皮细胞共培养形成紧密连接模型暴露于频率 1 800 MHz 的 GSM 信号射频电磁场中，以 ^{14}C 蔗糖做标记物，结果发现 SAR 值为 0.3 W/kg 时，BBB 通透性增加。蛋白质组学的研究结果表明，SAR 值为 2.4 W/kg 的 GSM 900 MHz 射频场可影响人内皮细胞的 Hsp27/p38MAPK 应激反应通路激活和骨架蛋白表达，作者推测这可能是射频场影响 BBB 通透性的机制。

5.2.2.3　人群流行病学调查

自 1970 年以来，实验动物研究提示低强度射频场可能对 BBB 通透性有影响，但没有流行病学研究报道。Söderqvist 等使用 BBB 通透性的标志——血清 S100B 进行了一项横断面研究，旨在调查频繁使用无线网络和手机的人其血清 S100B 蛋白质含量是否高于对照组。实验中根据人口登记信息随机招募了 1000 名受试者，男女各 500 人，年龄 18 – 65 岁，通过问卷调查无线电话使用情况，采集血液样本检测了血清 S100B 蛋白含量。结果发现，血清 S100B 蛋白质含量阳性率为 31.4%，但没有统计学意义，同时发现使用 UMTS 的男性血清 S100B 蛋白含量与对照组相比有显著差异（p = 0.01，n = 31）。该研究证明长期或短期使用无线电话与反映 BBB 完整性的血清 S100B 蛋白水平升高之间有相关性。尽管该结果是有趣的，但是样本量还较小。一般来说，要明确这种因果关联，大规模的研究和足够的随访是必要的。

目前，关于手机射频辐射对 BBB 通透性影响的研究结果既有阳性又有阴性。多数学者认为，在高水平 SAR 暴露时，手机电磁辐射可以引起脑局部温度升高、血流量增加，从而使 BBB 通透性增高。而在低水平 SAR 暴露时出现的 BBB 通透性增加的现象，研究者们还无法做出合理的解释。

5.2.3　代谢

脑组织代谢情况可以反应脑功能的变化，有关这方面的研究也有一些报道，主要包括葡萄糖代谢和一些相关神经递质的代谢。

5.2.3.1　葡萄糖

2009 年 1 月 1 日至 12 月 31 日期间，美国一实验室对招募自社区的 47 名健康受试者进行了随机交叉研究。实验中，参与者需将两部手机置于左、右耳并注射 18 氟 – 脱氧葡萄糖（18F）进行正电子放射断层造影，测量两次不同条件下大脑葡萄糖的代谢情况，一次位于右侧的手机处于工作状态（静音）持续 50 min（条件为"开启"），另一次两侧手机均处于非工作状态（条件为"关闭"）。通过比较"开启"和"关闭"条件下的新陈代谢差异，验证新陈代谢与手机射频电磁场之间的关联。结果发现，脑组织新陈代谢在"开启"和"关闭"两种条件下没有差异。相比之下，在最靠近手机天线的区域内（眶额叶皮层和颞叶），"开启"条件下的代谢明显高于"关闭"条件下的代谢（35.7 和 33.3 μmol/100 g/min，平均值相差为 2.4 ［95% CI，0.67 – 4.2］，P = 0.004）。对于绝对代谢（R = 0.95，P = 0.001）和标准代谢（R = 0.89，P = 0.001）而言，葡萄糖代谢的增加与电磁场场强显著相关。结果提示，与未暴露者对比，在健康受试者中，最靠近天线的大脑组织葡萄糖代谢增加与 50 min 的手机暴露有关。

据报道，手机急性暴露期间最接近天线的大脑区域代谢率增加，这一现象说明吸收电磁波后脑组织的兴奋性可能增强。一篇关于采用短波电磁脉冲（脉宽 1 μs）经颅刺激大脑 40 min 可提升皮层兴奋性的结论支持上述阐释。

已有两家实验室报道了在手机急性暴露期间额叶脑血流量增加，但血流增加的脑区并不是接受电磁场辐射能量最大的区域。此外，还有一项研究指出在电磁场辐射能量最大的区域大脑血流量反而下降。使用 18 氟 - 脱氧葡萄糖可能是检测射频辐射对脑功能影响的最佳方法，因为该方法在检测射频辐射对大脑活动长期影响时是最佳的（30 min），而脑血流量测量只能反映大脑 60 s 内的活动。当其他方法观测不到明显的大脑活动时，18 氟 - 脱氧葡萄糖检测射频辐射对大脑活动影响的累计效应很有价值。

葡萄糖代谢增加（18 氟 - 脱氧葡萄糖变化量）和手机射频辐射暴露之间的相关性研究结果提示：葡萄糖代谢的增加在脑组织吸收手机射频辐射的能量后发生。但手机射频辐射影响大脑葡萄糖代谢的可能机制尚不清楚。当然，这类研究也存在诸多局限性，包括：不能够确定这些发现与射频电磁场暴露的潜在损害效应有关，或只能证明大脑会受到这些暴露的影响。此外，这项研究并没有提供电磁场暴露如何增加大脑新陈代谢的机制，尽管他们将这些暴露解释为影响神经元活动的因素，但有必要进行进一步的研究来证实。最后，该模型假设射频电磁场场强与其对神经组织产生的影响之间具有线性相关性，但他们仍不能排除是非线性关系的可能性。该研究表明，手机射频辐射能够影响人类大脑功能，表现为暴露区域代谢活动增加。该研究同样证明了在场强最大的大脑区域中观察到的效应最显著，表明了代谢的增加发生于手机电磁场的吸收之后。评估这些影响是否具有潜在的长期危害性还需要进一步的研究。

5.2.3.2　神经递质

Testylier 等报道，SAR 值为 6.52 W/kg 的 2 450 MHz 连续波暴露 1 h 或 0.325 W/kg 的 800 MHz 暴露 14 h 后，大鼠海马释放乙酰胆碱均明显下降，表明低强度射频辐射也可导致海马胆碱能系统的神经化学改变。

研究表明，长时间暴露于 918 MHz（0.22 W/kg）射频电磁辐射，小鼠脑内去甲肾上腺素升高，但当 SAR 值升至 0.44 和 1.10 W/kg 时则未见升高。同样暴露条件下对脑神经递质和血液中脂质过氧化的研究得到类似的结果。近年来，射频辐射对氨基酸类神经递质影响也有报道，900 MHz 脉冲微波（SAR 为 4 W/kg）或连续波（SAR 为 32 W/kg）暴露 2 h，可减少大鼠小脑细胞中 γ - 氨基丁酸（GABA）含量。SAR 值为 1.1 和 2.2 W/kg 的 10 GHz 脉冲微波暴露 3 个月，可降低怀孕大鼠海马神经元胞体 N - 甲基 - D - 天冬氨酸（NM-DA）受体通道活性。

杨晓倩等研究了手机辐射对孕鼠和胎鼠脑组织中单胺类神经递质 [去甲肾上腺素（NE）、多巴胺（DA）、5 – 羟色胺（5 – HT）] 的作用，将 32 只受孕 Wistar 大鼠随机分为对照组、低剂量组（每次暴露 10 min）、中剂量组（每次暴露 30 min）、高剂量组（每次暴露 60 min），自受孕日起每日接受辐射 3 次，连续 20 d。采用高效液相色谱 – 荧光检测法测定孕鼠及胎鼠脑组织中 NE、DA、5 – HT 的含量。实验发现，与对照组相比，孕鼠和胎鼠脑组织中 NE、DA 含量在低剂量组均呈现增高趋势，在高剂量组呈现下降的变化趋势，上述变化均有统计学意义（P < 0.05），中剂量组中 NE、DA 含量变化无统计学意义（P > 0.05）；与对照组相比，各剂量水平辐射组孕鼠和胎鼠脑组织中 5 – HT 含量，差异均无统计学意义（P > 0.05）。结果提示孕鼠在孕期中接受手机电磁辐射达到一定时间，对孕鼠和胎鼠脑组织的神经系统中单胺类神经递质含量产生一定的影响。

5.2.4　脑组织生物电

脑电图（Electroencephalogram，EEG）是通过电极记录下来的脑细胞群的自发性、节律性电活动，其变化可以反映外界刺激的影响，电磁辐射特别是手机射频辐射对脑电图的影响越来越受到广泛的关注。近年来的研究报道主要集中于动物实验和志愿者研究两个方面。

5.2.4.1　动物实验研究

EEG 在高强度的射频辐射暴露条件下可发生改变。低强度射频电磁场对 EEG 的影响报道不一。有报道称低至 $30 \sim 50 \text{ mW/cm}^2$ 的射频辐射能导致 EEG 频谱发生改变。Marino 等研究了 800 MHz 手机射频辐射对 EEG 的影响，指出在 EEG 发生和记录过程中，当某个时间可能出现的动态改变按常规的分析可以被平均掉，这时真实的差异就不会被分辨出，从而导致了结果的不一致。他们用一种基于非线性动力学方法分析，得出手机射频辐射可能影响脑功能的结论。Zakharova 等人用调制频率分别为 7、16、30Hz 的 900MHz 微波辐射豚鼠，均引起了大脑皮层自发电活性（sEA）的可逆性下降。生物脑电的产生、传导与 K^+、Na^+、Ca^{2+} 等离子在膜内外浓度的改变有密切关系。其中研究 Ca^{2+} 在微波对脑的效应及其机制中的重要性被越来越多的人所认识。理论上讲，Ca^{2+}、$Mg – ATPase$ 是具有信息传递和能量传递的跨膜蛋白，是交变电场作用于细胞的靶部位。研究微波辐射是否影响 Ca^{2+}、$Mg – ATPase$ 活性有着重要的意义。但目前尚无定论，且没有关于移动电话射频辐射对上述指标影响的报道。

5.2.4.2　人类志愿者的实验研究

虽然手机辐射对人 EEG 影响的报道结果很不一致，但有关 EEG 影响的一些动物实验结果有一致性，因此，不排除 EEG 与手机的电磁辐射有关。Huber 等报道，测试者在睡前 30 min 受 900 MHz 手机辐射（SAR 值为 1 W/kg），EEG 频谱功率（9.75–11.25 Hz 和 12.5–13.25 Hz）在非快速眼球运动期增加，并且脉冲调制射频场在影响 EEG 过程中起决定性作用。不同体位辐射导致的 EEG 改变是一致的，结合 SAR 在脑内的分布，Huber 等认为皮层下尤其是丘脑对射频辐射最敏感，这可能是脑功能发生改变的主要来源，因为在两个实验中丘脑的 SAR 值相似（约为 0.1 W/kg）。电磁场对人 EEG 的作用及对完成记忆任务的效应可以是多样的，不易重复。低强度脉冲调制射频场（16 mW/cm^2）暴露对人 EEG 影响的研究结果表明，虽然暴露组与假暴露组 EEG 改变的差异无统计学意义，但某些个体的 EEG 明显改变，其效应取决于个体的不同，这与 Marino 等提出的假设相符，因此，他指出射频辐射可以改变 EEG，并以前额部多见，重复暴露比短时暴露所导致 EEG 改变更为明显。

近年来，学者对手机射频电磁场是否对 EEG 有影响有着持续增长的兴趣。之前的研究已经确切地表明，不管成人是睡着的还是清醒的，手机发射的特定频率的射频电磁场都影响着其 EEG。特别的是，清醒状态的最初频率范围和熟睡状态的最初和主轴频率范围在射频电磁场的暴露时表现出了惊人的一致，越来越多的证据不停地证实手机辐射对成人的 EEG 造成影响。Loughran 等测试了青少年暴露于射频电磁场比如手机辐射下潜在的敏感性。在一个双盲、随机、交叉实验设计中，22 位 11–13 岁青少年（12 位男性）分成 3 组，其中 2 组暴露在 2 个不同场强的手机射频电磁场信号下，还有 1 个假暴露组（作为对照）。在暴露组中，认知能力的测试和清醒 EEG 的记录在暴露之后的 3 个时间点（0、30 和 60 min）进行。结果发现，在清醒 EEG 和认知表现中，均未发现射频电磁场有明确的效应。该研究不能证明成年人清醒 EEG 有与射频暴露相关的效应，而且，进一步支持了手机射频暴露对认知表现没有影响这一结论。提示青少年对手机射频辐射的敏感程度并不比成年人高。

EEG 是脑生物电的综合反映，不同功率密度微波辐射可以引起 EEG 的不同反应。EEG 检查可发现梭形波、慢性波增多，提示神经系统抑制过强。我国学者在一项研究中，追踪记录了暴露于全球通模式移动电话射频电磁场中的熟睡人体的 EEG。采用手控评分，非线性动力学等频谱分析技术分析了

EEG。发现当人体暴露于移动电话射频电磁场时，大脑皮层生物电位与对照组相比有所增加。此外还发现在移动电话射频电磁场暴露，EEG 相关动力学的维数和睡眠阶段的关系发生了变化。但是有人指出测量 EEG 的金属电极会增加脑组织对微波辐射能量的吸收，并且电极周围产生感生电流。因此实验结果难以精确地反映射频辐射对脑电活动的影响。

以往有很多文献报道，成人清醒状态 EEG 在 α 波频率范围受射频电磁场调节脉冲影响，其中，射频电磁场暴露对睡眠状态 EEG 的 α 波的影响目前为止一致性最好。尽管如此，现今的研究仍不能证明对青少年的清醒状态 EEG 有类似影响，虽然结果提示 12Hz 左右的低强度暴露条件对于脑电活动是有作用的。对于 EEG 而言，不被认为是一个可靠的作用，因为标准方法需要在至少 2 个临近的频率观察到改变，才能考虑为有意义。很多潜在理由解释了为什么现今的研究观察不到明确的 EEG 影响，近来很多研究提示是由于受到了个体差异的影响。的确，睡眠 EEG 显示出个体差异可能在射频生物效应研究中扮演了一个重要的角色，这暗示了对 EEG 影响的阴性结果可能无法证明强射频电磁场暴露没有效应。对于有关儿童和青少年暴露相关影响的研究来说，个体差异的存在可能问题更大，因为儿童和青少年在发育过程中的个体差异更大。较之前对于成人的报导，如果没有一个庞大的样本量或者一个均一的群体，检测到 EEG 这样细小的变化会变得很困难。因此，这种研究可能很难发现对 EEG 的影响。

另外可能存在一个特定的时间窗，射频辐射才会对 EEG 产生影响且能够进行记录。比如说，这个影响可能是短期的，并且在研究中只发生在 EEG 记录的时候，或者可能需要很长时间去显现，因此，可能直到暴露停止后的 60 min 也无法观测到。相反的，也有可能脉冲式射频电磁场对青少年的 EEG 没有影响，只会影响到成人。因为青少年的大脑适应性更强，因此可能对小的刺激或者外部的影响比如手机等暴露更容易适应。最近一项研究也支持该结论，研究发现脉冲式射频电磁场对于健康中年人（19－40 岁）有影响，但对于青少年（13－15 岁）影响甚微，作者解释为青少年的大脑更易耐受手机等的影响。

这就表示，对于 EEG 而言，个体差异可能在暴露相关影响中起到了很大的作用，说明这一研究中的样本量过小并选择了特定年龄的参与者使得微弱的影响很难被观察到，更不用说之前对于成人的研究了。总的来说，目前的研究不能证明暴露对青少年的 EEG 和认知行为有任何影响。重要的是，这个结果不能证明青少年对射频电磁场更加敏感。此外，特定年龄群体作用的观点让日益增长的不同年龄段的移动电话使用人群更加受到关注，因此，探索孩子生长发育其他阶段的进一步研究尤为重要。

5.2.5　对神经细胞的影响

有关射频辐射对神经细胞的生物学效应也有一些研究报道，但结果也存在争议。这是由于无论是未成熟还是成熟的啮齿类动物暴露于电磁场后，所导致的中枢神经细胞的改变会依赖于一些相关因素，像靶器官的吸收频率、暴露于电磁场的持续时间和频率等。

最近，有一些关于射频电磁场对脑的不利影响的报道，特别关注了手机暴露对大鼠大脑的影响。Kesari 等将 35 d Wistar 大鼠暴露于移动电话每天 2 h，暴露 45 d，SAR 为 0.9 W/Kg，将大鼠分为假暴露组（n=6）和暴露组（n=6），结果发现，暴露后谷胱甘肽过氧化物酶、超氧化物歧化酶水平明显降低，过氧化氢酶活性增加，活性氧水平显著增加。此外，暴露组海马和整个大脑蛋白激酶活性明显降低，松果体褪黑激素的水平明显降低，肌酸激酶和 caspase 3 显著增加，提示射频手机辐射可能会引起神经细胞凋亡，对健康产生影响。Kesari 等在另一项研究中调查了 2.45 GHz 射频辐射对雄性 Wistar 大鼠大脑的影响，他们选用雄性 Wistar 大鼠为研究对象，分成假暴露组和暴露组。动物受到每天 2 h，35 d 的暴露，频率 2.45 GHz，功率密度 0.34 mW/cm^2。全身 SAR 估计为 0.11 W/Kg。暴露装置为通风的树脂玻璃笼子，放置在消声室从喇叭天线发出方向在远场位置。暴露结束后，处死大鼠，取出整个脑组织，采用彗星试验微凝胶电泳的方法研究双链 DNA（脱氧核糖核酸）的断裂，检测抗氧化酶和组蛋白激酶活性。结果显示，抗氧化酶如谷胱甘肽过氧化物酶、超氧化物歧化酶活性显著降低，而过氧化氢酶活性显著增加，组蛋白激酶活性明显降低，彗星头和尾长在射频电磁场暴露组大脑细胞显著增加。提示慢性暴露于这种射频电磁辐射可以引起神经细胞凋亡，可能造成对大脑的损害。Bornhausen 等对怀孕期大鼠进行持续暴露于 SAR 在 17.5－75 mW/kg 的 GSM 900 MHz 的射频电磁场，其子代并没有检测出存在任何认知缺陷。但是，有实验证明，未出生的胎儿期大鼠每天暴露于 SAR 在 2 W/kg 的 GSM 900 MHz 1 h 下，4 周大的时候发现海马区神经元的减少。也有文献报道，成年大鼠因为暴露于 900 MHz 电磁场而引起神经元丢失，但仍存在着争议。

关于 900 MHz 射频电磁辐射的研究报道已较多，但有关广泛应用于欧洲国家的 1 800 MHz 信号的研究报道会少一些。另外，这些信号同 UMTS 信号有相同的频率范围，因此，有关这些信号的潜在影响的信息同样可以作为 UMTS 信号评价的参考。Watilliaux 等调查了啮齿类动物出生后不同阶段暴露于 GSM 1 800 MHz 电磁辐射是否可以影响未成熟的大脑。他们将产后 5、15 和 35 d 的大鼠的头部暴露于 1 800 MHz 电磁辐射后，观察 24 h 内的大脑皮层细胞的急性反应。细胞的应激反应是通过监测一组高度保守的蛋白质——热休克蛋白（HSP）来研究的，这组蛋白质在高热、放射和贫血等异常情况下可以被诱导产生或上调。与 HSP60、HSP90 和 HSC70 发挥蛋白折叠和转运的重要生理学角色一致，它们在各阶段都可以检测到。无论是对不同年龄暴露组动物还是对不同区域大脑皮层的评估，电磁场都无法诱导 HSP70 产生，也无法引起 HSP60、HSP90 或 HSC70 在皮层水平的明显变化。这一研究没有评估中枢神经系统其他区域如海马区、基底节或小脑的 HSP/HSC 的应答。但是，在这一研究使用的 SAR 范围内，没有发现电磁场引起靠近发射 GSM 信号的皮层区域细胞应激和细胞损伤。与这一观察结果相似的是，Franzellitti 等人发现人类滋养层细胞在受到持续的 1 800 MHz 电磁波或其他各种 GSM 信号辐射 4 到 24 h 后，其 HSP70 的水平并没有改变。但是，HSP 应答的缺失并不能排除是因为电磁场辐射引起的皮层细胞其他基因改变而引起的。

在所有的中枢神经细胞中，并不是只有神经元对电磁场有反应。头部持续暴露于 SAR 6 W/kg 900 MHz GSM 信号 15 min 可以影响谷氨酸盐和 GABA 受体，并且在成年鼠脑内可以引发一种类似星形胶质细胞瘤的反应。星形胶质细胞是放射状胶质细胞分化而来的，这种细胞可以被胶质纤维酸性蛋白（GFAP）——一种星形胶质细胞细胞骨架中间丝的单分子成分标记。星形胶质细胞在神经网络的发生发展中发挥着很重要的作用。他们可以表达丝氨酸消旋酶产物 D – 丝氨酸，这是一种谷氨酸受体的共兴奋剂，生理上可以加强神经元的 NMDA 受体的信号传导。星形胶质细胞也可以表达另外两种谷氨酸转运体：GLT1（EAAT2）和 GLAST（EAAT1），这两种转运体可以调节兴奋性星形胶质细胞摄取由神经元释放的细胞外兴奋性氨基酸，从而防止神经元谷氨酸受体的过多和细胞毒性的刺激，包括 NMDA 和 AMPK/钾盐镁矾受体。小胶质细胞起源于渗入未成熟的中枢神经系统的中胚层吞噬细胞。这些细胞在中枢神经系统实质的损害时迅速被激活并且发挥着重要的作用。小胶质细胞典型的活化表现包括细胞大体形态的改变和巨噬细胞标记物的上调，尤其是 CD11b 和 CD68。在许多影响到成熟或未成熟大脑的病理性环境下，小胶质细胞活化并且发生表现为过表达 GFAP 标记的反应性胶质细胞化。星形胶质细胞蛋白质组的反应性改变还可以延长谷氨酸转运体的细胞表达。

有研究通过测试 GFAP、丝氨酸消旋酶、GLT1、GLAST 和 CD68 来研究胶质细胞的应答。研究者选用未成熟大鼠为研究对象，射频辐射频率为 1 800 MHz，SAR 为 1.7 – 2.5 W/kg。暴露后进行蛋白质印迹分析，结果发现，在头部暴露于电磁场之后 24 h 内，大鼠未成熟星形胶质细胞中未发生可溶性单体 GFAP 合成及转化为不溶性 GFAP 细丝。但他们的发现对于早期细胞应激反应和未成熟大鼠头部暴露于 GSM 1 800 MHz 信号引起的胶质细胞反应未提供任何证据。这一报道是第一次评估急性暴露于 GSM 1 800 MHz 信号引起的未成熟脑组织中枢神经系统组织反应，尤其是研究了两种胶质细胞群产生的细胞应激抗原和蛋白。他们的发现并未证实暴露于 SAR 为 1.7 – 2.5 W/kg 的 GSM 1 800 MHz 信号的脑组织中 HSPs 的表达改变、或神经胶质发育和活化标记物的分布变化，如 GFAP 和 CD68 蛋白。电磁场也对谷氨酸神经传递的星形胶质细胞包含的一系列蛋白质没有影响，尤其是丝氨酸消旋酶和两种主要的谷氨酸转运体：GLT1 和 GLAST，这些蛋白质可以减少细胞外间隙中谷氨酸的积累。在这一研究中，未成熟大鼠在三个不同的发育阶段接受暴露处理，包含了一系列的大脑皮层的突触发生和胶质细胞生长。最初，他们的暴露系统使用暴露于脑平均 SAR 1.5 W/kg 的麻醉的动物来校准。但是，剂量测定研究提示这些指标只适用于 P35 动物。而对于 P15 和 P5 组动物，脑平均 SAR（2.5 W/kg）比其他暴露部位（2.2 W/kg）仅仅高一点。他们不能排除麻醉干扰神经细胞对电磁场反应的可能性。尽管如此，麻醉可以防止引起潜在的清醒动物大量的应激相关反应。麻醉也可以使动物头部保持在标准位置，从而确保实验重复性和不同动物接收 RF 暴露的一致性。

之前的报道认为星形胶质细胞对电磁场辐射有直接或间接的反应。Chan 等人报道了在磁场中培养的星形胶质瘤细胞群 GFAP 表达的短暂增加（10 Hz，10 s，0.63 Tesla）。Fritze 等人将大鼠全身暴露于 SAR 为 7.5 W/kg，频率为 900 MHz 的 GSM 射频电磁场来研究短期效应，并未发现 GFAP 转录水平的改变。但是，有研究报道 900 MHz（6 W/kg，15 min）暴露于电磁场 2 到 3 d 后可以使皮层和皮层下区域的 GFAP 水平短暂增加。据报道，长期暴露于 6 W/kg，频率为 900 MHz 的 GSM 射频电磁场引起了 GFAP 水平的增加。Mausset 等人报道成年大鼠暴露在 SAR 6W/kg 的 900 MHz 信号 15 min 可能导致突触后膜上 NMDA 受体的减少。该研究没有提到神经元受体可能发生的修饰。然而，他们检测谷氨酸转运体时发现：皮质 GLT1、GLAST 或丝氨酸消旋酶在暴露于 1 800 MHz 射频辐射后表达没有变化。表明在射频暴露条件下，电磁场不会通过星形胶质细胞功能的改变对未成熟的兴奋性神经传递产生任何明显的急性

效应。关于星形胶质细胞对电磁场反应，研究中使用频率为 900 MHz 的 GSM
信号，这与以前的研究有所不同。然而，阴性研究结果并不能排除 1 800 MHz
信号对神经细胞具有潜在的有害影响。最近报告指出，在 1 800 MHz 射频信
号下培养皮层神经元超过 24 h，可能会导致线粒体氧化损伤。

　　小胶质细胞活化是中枢神经系统组织损伤高度敏感的传感器。目前，成
人中枢神经系统的小胶质细胞在暴露于电磁场后的反应并没有被广泛研究。
在成年大鼠大脑中，暴露于电磁场（900 MHz，7.5 W/kg）1 周后，并未发现
作为活化标志物的 MHC II 在小胶质细胞的表达有任何变化。但是，MHC II 的
表达提示小胶质细胞活化处在一种促进免疫的阶段。在这里，他们寻找未成
熟大脑中电磁场所导致的比较温和的小胶质细胞的激活。他们对于 CD11b 和
CD68 抗原进行了分析，没有发现关于小胶质细胞活化、细胞形态的改变或诱
导大脑皮质神经元细胞层的 CD68 阳性表达有任何明显的变化。结果表明，动
物在体暴露无法引起皮层细胞显著受损或小胶质细胞直接活化。一项最近的
体外研究表明，体外培养的小胶质细胞暴露于 SAR 高达 2 W/kg 的 1 950 MHz
射频电磁场，不足以诱导小胶质细胞的活化。

　　综上所述，射频辐射热效应对中枢神经系统的影响是明确的，射频辐射
非热效应是否会影响中枢神经系统的功能仍然存有分歧，目前已有报道一定
条件的手机射频电磁场暴露可以引起中枢神经系统的一些生物学效应，主要
包括主观症状和行为、学习记忆功能、血脑屏障通透性、物质代谢、神经电
生理、神经细胞等方面的改变，但也有研究未发现手机射频辐射对神经系统
有明显的影响。低强度射频辐射对中枢神经系统效应研究缺乏一致性和重复
性问题是客观存在的。所用暴露条件和参数以及观察指标的差别、个体差异
和调查研究模式的不同可能是导致不同研究间可比性差的原因，在生物电
磁学研究中个体差异更值得关注。有关射频辐射对中枢神经系统的认识目
前还很不够，尤其是低强度作用的非热效应机制尚不清楚。积极引入分子
生物学和脑科学的一些研究手段和方法，必将有利于这些生物学效应和机
制的阐明。

5.3　射频辐射对生殖系统的影响

　　生殖系统是电磁辐射的敏感组织之一，电磁辐射对生殖系统所产生的效
应不仅仅影响生物个体本身，更为重要的是，它通过遗传物质的传递影响到
后代健康。因此，射频辐射对生殖系统所产生的危害效应研究对于确保人口

质量、维持人类健康的可持续发展具有极其重要的意义。

5.3.1　射频辐射对雄性生殖系统的影响

雄性生殖系统（Male Reproductive System）主要包括睾丸、附睾、输精管等结构。睾丸是产生精子和分泌雄性激素的器官，附睾是雄性生殖系统运送和暂时贮存精子的管道。目前，有关射频辐射对雄性生殖系统的报道主要集中在睾丸和附睾，主要分为动物实验研究和体外实验研究两部分。

5.3.1.1　动物实验研究

（1）射频辐射对生殖细胞形态结构的影响

目前，关于射频辐射对生殖细胞形态结构影响已有诸多报道，但一直没有定论。国内外学者曾对各种哺乳动物进行了实验研究，认为一定功率密度的微波辐射可引起动物睾丸或附睾组织、细胞以及组织化学等方面的变化。国内学者一般认为 2 450 MHz 微波暴露动物附睾或睾丸，使其温度升高并维持一段时间可引起生精上皮、附睾上皮、曲细精管周组织上皮、曲细精管上皮等呈现超微结构改变，破坏睾丸生精过程，并导致初级精母细胞、早期和晚期精子细胞形态学异常等，停止微波暴露后一段时间，雄性生殖系统的上述改变可恢复正常。也有研究报道，家兔在微波连续多次暴露的实验条件下，随着暴露次数的增加，微波对生精系统的抑制效应愈明显，表现为曲细精管直径随照射次数增多而明显缩小。姚华等将雄性大鼠暴露于微波后发现睾丸中曲细精管的生精上皮变薄，生精细胞排列结构紊乱，细胞层次减少，精原细胞坏死明显，精母细胞和精原细胞管腔内多核巨细胞和脱落细胞呈团样出现，支持细胞和间质细胞不同程度变性，且上述损伤存在剂量效应和时间效应关系。陶松贞等对雄性大鼠研究后得出：给予大鼠不同功率密度的微波辐射后，引起睾丸生殖细胞超微结构的不同程度的变化，其中 20 和 10 mW/cm² 照射组变化较明显，可见精原细胞质空化，精母细胞滑面内质网扩大，线粒体异形、嵴缺损和空化，并偶见环形核仁、核膜间隙扩大及核膜外凸等，而在 1 mW/cm² 照射组中，除线粒体变化明显外，其他结构性变化都较少。杜忠民等研究表明：给予小鼠频率为 36.11 GHz、功率密度为 5 mW/cm² 的毫米波特定时间的照射后，睾丸生精上皮细胞有一定程度的损伤性变化，少数细胞可见凝固性坏死，而睾丸间质细胞、肾上腺皮质细胞仅见轻微变化。郭国祯等用频率为 2 450 MHz 微波局部辐射雄性 BALB/c 小鼠睾丸，可见附睾的上皮细胞多呈现浊肿和积水样变，还可见纤毛及上皮细胞的坏死脱落。李建国等用 2 450 MHz 微波照射家兔阴囊，电镜下观察，实验组动物的附睾头部主细胞的静纤毛游离端呈气球样膨大，附睾尾部主细胞内的高尔基复合体的膜囊有肿胀现象，部分线粒体出现肿胀、嵴断裂现象，提示微波可使附睾的吸收、分泌和转运机能发生变化，附睾功能受损后，附睾的内环境改变，从而影响精子成熟。其另一研究表明微波暴露阴囊可使精子的运动能力显著下降，精子的 cAMP 含量显著减少，这些变化均与附睾的结构和功能改变有关。Lokhmatova SA 等将大鼠暴露于 3 GHz 脉冲电磁辐射 120 d（功率密度 0.25 mW/cm^2，2 h/ d），发现曲细精管出现一系列病理性改变，120 天后仍未恢复。ZulkufAM 等将大鼠分别暴露于 2 450 MHz 连续微波（功率密度为 2.65 mW/cm^2）13、26、39 和 52 d（1 h/d）后，发现附睾精子数的明显减少发生在 52 d 暴露组；睾丸及附睾重量、异常精子数的明显改变发生在 26 、39 和 52 d 暴露组，照射组均可见生精上皮变薄、生精阻滞、曲细精管坏死及间质水肿外，还可见附睾萎缩、间质水肿、单核细胞浸润、成纤维细胞增殖活性增强等病理性变。

也有实验研究表明，射频辐射不会对雄性生殖细胞产生明显的影响。Dasdag S 等应用手机对 SD 大鼠进行辐照，每天照射 20 min，连续照射 1 个月（辐射功率为 250 mW/cm^2，平均比吸收率为 0.52 W/kg），最后观察睾丸组织形态学的改变，发现其输精管直径缩小，但与假暴露组之间差异均无统计学意义。Forgacs 等研究表明经 1 800 MHz GSM 微波照射的雄性大鼠未发现生殖器官在组织病理上有改变。以上研究结果不一致可能跟微波辐射的频率及功率密度有关，还与实验动物等其他条件有关。

（2）射频辐射对精液质量的影响

男性生育力与精液的质量密切相关。成功的受精和受精潜能取决于精子数目、存活率、形态及精子运动质量。大量动物实验显示：微波辐射可引起动物精子畸形率升高，在中、高功率密度的微波辐射照射下这种作用很明显，而低功率密度辐射下很少发现。孙华明等研究发现：大鼠经 1 800 MHz（连续波）电磁场中照射 21 d 后（功率密度分别为 0.5 mW/cm^2 和 1.0 mW/cm^2），其精子畸形率与假暴露组相比差异无统计学意义（P > 0.05），即低功率微波辐射后未引起明显的遗传损害。刘文魁等研究表明：频率为 2 450 MHz，波长为 12 cm，功率密度分别为 20、30、40 mW/cm^2 的微波辐射，对小鼠体细胞和生殖细胞有致突变作用，对生殖细胞影响更明显，精子畸形以胖头样为主但微核无累加现象。任东青等用频率为 2 450 MHz、功率密度为 10 mW/cm^2 的微波（连续暴露6、12、18、30、60 和 90 min/d）辐照小鼠，观察小鼠精子数量和精子畸变率等指标的改变。结果发现各暴露组的精子畸形率均较平行对照组明显增加，以 60 min，连续 12 d 组最为显著（P < 0.05）。操冬梅等用移动电话的模拟辐射源对小鼠进行全身辐射（辐射频率 935 MHz，平均功率密度分别为 570 μW/cm² 和 1 400 μW/cm²），辐射时间为 35 d（2 h/d）。实验结果显示，1 400 μW/cm² 辐射组的精子活动率（40.82 ± 4.73）明显降低，精子尾部线粒体形态大小不一，分布不均，部分出现肿胀，电子密度降低，板状嵴减少，灶性空泡化。也有研究显示：暴露组小鼠体重较平行对照组明显下降（P < 0.05）；各暴露组的精子畸形率均较平行对照组明显增加。当精子运动障碍时可干扰精子受精过程使生育指数下降。Ji – Geng Yan 等将 3 月龄雄性 Sprague – Dawley 大鼠暴露于 1.9 GHz 手机辐射，每天 6 h，连续 18 周，发现照射组精子细胞的死亡率较对照组高，而且照射组中出现了异常精子的聚集，对照组未出现该现象。李昱辰等研究发现低功率微波连续照射 14 d 和 21 d 后，小鼠的精子畸形率升高，表明低功率微波连续辐射对雄性小鼠存在遗传毒性。

　　将雄性小鼠暴露于工作场所和住宅区手机基站产生的射频电磁辐射中，照射组小鼠精子头部异常（多节镰刀状、小头和香蕉状精子头部）发生率较对照组高（照射组与对照组分别为 40% 和 20%），并且有统计学意义和剂量依赖关系。将体重为 10 – 12 周大小雄性 Wistar 大鼠暴露于手机射频电磁辐射中 28 d，每天 1 h。照射组和对照组（在照射期间对照组照射源不安装电池）比较，总精子数量未发现统计学差异。然而，照射组大鼠有活力的精子百分比显著减少。长期手机频率辐射导致 Wistar 大鼠睾丸中的精子数减少和成熟度降低。Fejes 等调查结果也显示，随着每日待机时间及通话持续时间的延长，移动电话使用者精子活力下降。

　　也有研究得出相反的结果。李瑞真等研究表明：3 mW/cm² 强度的微波辐射不干扰鼠精子的生长过程，未发现精子畸形率增加；Aitken RJ 等把实验小鼠暴露于 900 MHz 射频辐射 7 d，观察到附睾精子数量、形态、存活率没有明显改变，但定量 PCR 分析发现，精子线粒体基因组和 B 球蛋白基因组已发生了明显损伤。有研究将 Sprague – Dawley 大鼠（5 周龄）全身暴露于手机多媒体系统中持续 5 周，每周 7 d，每天 5 h，结果发现，与对照组相比，照射组大鼠在睾丸重量、附睾、精液小囊泡以及前列腺等指标均无明显变化。同时发现，照射组大鼠睾丸和附睾中精子数量、精子活力、精子形态、输精管的组织学特性，包括精子发育周期的不同阶段均无变化。这项研究表明了射频电磁辐射不会产生睾丸毒性。Lee 等将大鼠暴露于 848.5 MHz 射频电磁辐射中以暴露 45 min – 关 15 min – 开这样的方式进行照射，全身比吸收率为 2.0 W/kg。持续 12 周后观察附睾尾部精子数量、睾丸和附睾的 MDA 浓度、精子发生阶段的频率、生殖细胞数量以及睾丸中凋亡细胞的外观，发现以上指标均没有显著变化。

同时，也有研究发现，射频辐射并不一定对雄性生殖系统产生损伤，相反，它也有可能会促进雄性生殖系统的发育。H. Ozlem Nisbet 等用出生 2 d 的雄性 Wistar 大鼠研究 1.8/0.9 GHz 电磁辐射对正在发育大鼠睾丸功能和结构的影响，结果表明：与假暴露组比较，1.8 GHz 组附睾精子活力的百分比增加，0.9 GHz 组假暴露，正常精子比率增加，尾部异常精子比率及总异常精子比率均降低，提示 1.8/0.9 GHz 的电磁辐射能够促进正在发育大鼠的早熟。Lee 等将 5 周龄的大鼠全身暴露于 1.95 GHz 的移动多媒体可自由接入的多址信号宽带代码中，根据这些大鼠生殖成熟的周期，将其持续暴露 5 周，每天 5 h。全身平均比吸收率为 0.4 W/kg。结果发现与假暴露组相比精子活力、形态以及输精管的组织学形态，包括精子发生周期的不同阶段均未发现异常，而将大鼠暴露于 SAR 为 0.4 W/kg 的射频辐射中睾丸精子数量显著增加。

（3）射频辐射对生殖激素水平的影响

射频暴露可引起血清睾酮含量的变化以及雄性生殖系统内一些酶活性和其他成分的改变。林孟端等用频率 900 MHz，功率密度分别为 250、150、50 $\mu W/cm^2$ 的连续波，对小鼠每天暴露 24 h，连续暴露 34.5 d，结果发现：微波暴露组与假暴露组比较，小鼠血清睾酮含量在微波暴露后明显降低（P < 0.05）。钟敏等发现大鼠进行 30 mW/cm^2 微波暴露后 3、6、24、72 h，血清睾酮含量在暴露后 3 h，分别较假暴露组降低 83.1%、57.3%、53.6%（P < 0.01），6 h 略有回升，但仍明显低于假暴露组，24 h 恢复正常水平，72 h 再次出现明显降低，分别较假暴露组降低 57.6%、39.5%、3.3%（P < 0.01）。Ozguner M 等用 900 MHz 连续波照射大鼠 4 周（30 min/d），发现血清睾酮减少；而 Forgacs Z 等用 1800 MHz 微波照射大鼠，暴露组血清睾酮水平 [（7.85 ± 1.08）ng/ml] 明显高于假暴露组 [（5.12 ± 0.79）ng/ml]。

另外，也有学者研究得出了不一样的结果。Yeung Bae JIN 等研究 CDMA（849 MHz）和 WCDMA（1.95 GHz）电磁场同时暴露对大鼠血清激素水平的影响，将 Sprague – Dawley 大鼠暴露在射频电磁场信号中，SAR 分别为 2 W/Kg（总共 4 W/Kg），持续 8 周，每周 5 d，每天 45 min，结果表明 CDMA 和 WCDMA 电磁场联合暴露不会影响大鼠睾酮等性激素的水平。Ribeiro 等将大鼠暴露于频率 1 835 ~ 1 850 MHz 的 GSM 信号射频电磁场中持续 11 周（1 h/d）后，与假暴露组比较，血清中总的睾酮含量变化没有统计学差异。Salama 等将家兔暴露于 900 MHz 待机状态的手机射频电磁场中，结果发现血清中睾酮的水平没有显著变化。

（4）射频辐射对性别比的影响

有研究表明，射频辐射可引起动物性别比的变化。Gathiram 等人分别将 32 只雄性 SD 大鼠和 32 只 SD 雌性大鼠分为雄性单独暴露、雌性单独暴露、雌雄都暴露以及雌雄假暴露组，实验条件为宽频带范围为 100 MHz ~ 3 GHz 的全方位空间电磁场，暴露时间为 8 h/d，连续暴露 10 d，暴露结束后观察子代体重、大小、性别比等指标。结果提示，单纯雄性暴露组、雌性暴露组以及雌雄暴露组与假暴露组相比，其子代性别比无变化，作者认为在此实验条件下，不能对大鼠生殖功能和子代产生影响。2009 年，Ogawa 等人研究了射频电磁场暴露怀孕大鼠脑部区域对生殖功能的影响，旨在模拟人体在使用手机时的状态，选用带宽为 1.95 GHz 的 WCDMA 信号为实验条件，暴露时间为孕 7 d ~ 孕 17 d。所有孕鼠在孕 20 d 处死，检测指标包括死胎率、性别比、胎盘重量、胎鼠骨骼异常等指标，没有观察到任何生殖毒性和胚胎毒性作用，即在此实验条件下，射频电磁场单独暴露孕鼠头部不能够引起其生殖功能的改变。王水明等研究了 60 kV/m 的电磁脉冲辐射对小鼠生殖功能的影响，其中雌鼠先孕后照组，雄性仔鼠比例明显降低，雌鼠先照后孕组，雄性仔鼠比例明显降低，与假暴露组比较，差异均有显著性；而雌雄均暴露组则出现了雄性仔鼠比例升高的现象。

由此可见，射频电磁场暴露对子代性别比的影响尚不能给出一个统一的结论，这随着暴露条件、暴露时间以及暴露方式的不同而不同，也有可能与实验动物的品系不同有关。

（5）其他方面

①造成雄性动物性功能改变 有研究表明，随着微波暴露功率密度的增加，小鼠性行为能力的捕捉潜伏期（Capture Latent Period, CLP）明显延长。钟敏等用微波对 Wistar 大鼠进行暴露，采用 CLP 和扑捉次数（Capture times, CT）作为判别大鼠性功能指标，观测到雄性大鼠 CLP 延长，CT 减少（P < 0.01）。

②对胚胎发育产生影响 惠延平等应用 2 450 MHz 微波局部照射 BALB/c 雄性小鼠睾丸，待小鼠肛温升至（41 ± 0.5）℃后维持 15 min，于小鼠受照后 2 个月与雌鼠交配，致雌鼠怀孕第 18 d 脱颈处死孕鼠，辨认性别、活胎、死胎、吸收胎并对胎鼠称重。结果显示，暴露组中吸收胎和死胎率均略高于假暴露

组，平均每胎的植入数在各暴露组均稍低于假暴露组，各组性别比均为雌性略高于雄性，仔鼠畸型的发生率有随着雄鼠受照射次数的增加而增加的趋势，但各指标在暴露组和假暴露组间差异均无统计学意义（P>0.05）。

③体细胞致畸　关于射频辐射对体细胞致畸的研究，由于实验条件不同、测量技术不高等原因，结果尚不明确。其引起生殖细胞染色体畸变的研究很少，效应更不明确。王保义等研究发现 7 mW/cm² 强度的微波辐射组精子的染色体出现畸形变。刘瑜瑚等用 2 450 MHz 波长为 12 cm 的微波照射大鼠睾丸30 min，发现使睾丸温度维持在 42±5℃ 可诱发精细胞染色体损伤。此方面还有待进一步研究。

（6）机制研究

① 诱发生殖细胞凋亡

射频辐射可诱发睾丸生殖细胞凋亡。尉春华等以功率密度为 20 mW/cm² 的微波暴露 SD 雄性大鼠，于照射后 6、24、48、72 h 和 5 d 提取其睾丸组织，并应用原位末端标记技术（TUNEL）检测各组的凋亡细胞。结果发现，暴露后 6 h、24 h、48 h 大鼠睾丸生殖细胞凋亡数量明显高于假暴露组（P<0.05），24 h 凋亡细胞数量最多，达（25.40±3.30）个/5 个曲细精管，72 h 和 5 d 与假暴露组比较，差异无统计学意义。对于射频辐射诱导睾丸组织生精细胞凋亡的基因机制研究，可以解释为射频辐射对睾丸生精细胞的损伤作用。细胞凋亡是细胞的程序性死亡，它的发生跟一系列凋亡调控蛋白有关，其中 Caspases 家族、Bcl-2 基因家族及 myc 家族与细胞凋亡密切相关。季惠翔等采用平均功率密度为 65 W/cm² 和 90 W/cm² 微波辐照小鼠 15 min，用 HE 染色和透射电镜观察小鼠睾丸组织改变，并用免疫组化方法观察计数睾丸内 Caspase-3 阳性细胞的表达情况，最后得出结论如下：微波对小鼠睾丸组织存在明显损伤效应，并且能诱导凋亡相关因子 Caspase-3 表达增强，诱导效应存在着时效和量效依赖关系。

②损伤血睾屏障

血-睾屏障（Blood Testis Barrier，BTB）是睾丸间质内的毛细血管与生精小管之间存在的结构总称，主要包括间质内毛细血管的内皮细胞及其基膜、生精小管的界膜（包括 3 层结构）、生精小管内支持细胞之间的紧密连接。靠近生精小管基底部的支持细胞间形成的紧密连接，是构成 BTB 的形态学基础。由于 BTB 的存在，从而保证近腔室内精母细胞的成熟分裂和精子的变态能在相当稳定的微环境中进行，免受外来有害物质的损害。

有研究表明，射频辐射能够改变细胞膜的通透性，破坏血睾屏障的保护作用。侯武刚等以 400 kV/m 的电磁脉冲对 BALB/C 雄性小鼠辐射后 7 d，大量生精周期第Ⅷ期（生精周期分为Ⅷ期）生精小管内出现基底室与近腔室的分离，未发生基底室与近腔室分离的生精小管支持细胞突起减少；用硝酸镧示踪法观察 HPM 辐射后大鼠血－睾屏障通透性的变化，发现辐射后 1 d，支持细胞突起减少，硝酸镧颗粒于近腔室内精母细胞、圆形精子细胞、精子之间沉淀；至 21 d 时，仍可见镧颗粒沉积在近腔室生精细胞间。王爽等用雄性 SD 大鼠得到相似的结果。Khaki 等将小鼠于胚胎期和出生后 5 周暴露于 50 Hz 电磁场，结果显示睾丸生精小管各层组织遭破坏，组织呈现内折，在多数区域外层非细胞层与肌样细胞层分离，出现空泡现象，电镜观察细胞间连接缺失。

③致过氧化损伤

有研究表明，射频辐射能够引起自由基形成，从而对生殖细胞造成氧化损伤。研究者将大鼠暴露于手机辐射中持续 35 d，每天 2 h。他们发现暴露组中大鼠抗氧化酶－谷胱甘肽过氧化氢酶（GSH）和超氧化物歧化酶（SOD）较假暴露组显著减少，然而暴露组中大鼠过氧化氢酶（CAT）和丙二醛（MDA）都显著增加。同时，自由基的形成也显著增加。袁建林等用频率为 2 450 MHz、功率密度为 10 mW/cm^2 的微波照射小鼠，结果辐照后 1、6、12、24 d，小鼠的肾皮质和睾丸中 MDA 含量均升高，24 d 达到最高量；SOD 活性均降低，24 d 降到最低点；24 d 时小鼠的肾皮质胞质 PKC 活性降低，而膜相 PKC 活性明显增高，这些变化都与肾皮质和睾丸中产生过量的自由基有关。Guney 等研究发现：900 MHz 的移动电话辐射可以促进小鼠活性氧（Reactive Oxygen Species，ROS）的产生引起小鼠子宫内膜的损伤，提示 ROS 途径也可能是微波诱导细胞凋亡的机制之一。Mailankot M 等发现 0.9/1.8 GHz GSM 微波照射在显著降低精子活动度的同时，睾丸和附睾组织中脂质过氧化物含量也大大增加，而 GSH 含量明显降低。过多的氧自由基易引起其胞膜脂质发生过氧化反应，也造成精子膜损伤，使膜上不饱和脂肪酸减少，影响其活力。有研究将实验组大鼠暴露于 GSM（0.9/1.8 GHz）手机所产生的射频辐射中持续 4 周（1 h/d），对照组大鼠暴露于没有电池的手机中，与实验组暴露时间相同，与对照组相比，射频电磁辐射暴露组大鼠脂质过氧化物显著增加：内源性 MDA 水平在睾丸中和附睾中分别增加了将近 8% 和 12%。谷胱甘肽含量在睾丸中和附睾中分别减少了将近 10% 和 24%。

但也有一些阴性结果的报道。虽然精子对氧化应激诱发的损伤十分敏感，但是射频辐射是否诱发氧化应激目前还存在争论。HOOK 等对暴露于射频电磁场大鼠的检测中发现细胞内氧化物浓度、GSH 浓度无任何变化。Ribeiro 等用成年雄性 Wistar 大鼠，研究表明将大鼠暴露于频率 1 835 – 1 850 MHz 的 GSM 信号所产生的射频辐射中持续 11 周（1 h/d）后，与假暴露组比较，大鼠睾丸和附睾的脂质过氧化物水平没有差异。

④ 基因损伤

射频辐射可以诱发哺乳动物精子 DNA 损伤，其与男性不育、早期流产和儿童癌症等疾病的发生密切相关，但是作用机制尚不清楚。一些研究指出人类或动物的多种细胞暴露于射频电磁辐射后导致细胞 DNA 链断裂增加。宁竹之等报道雄性大鼠接受 2 450 MHz 微波辐射，发现剂量为 5 mW/cm² 时，精原细胞 DNA 含量增加，强烈提示 DNA 修复过程活跃，DNA 损伤可能为精子畸变机制。郭国祯等用微波抗生育机局部辐照雄性 BALB/c 小鼠睾丸，2 个月后发现精子畸形率增加，畸形精子头部 DNA 含量明显减少。AITKEN 等观察到小鼠暴露于 900 MHz RF – EMW 每天 12 h 连续 7 d，睾丸精子线粒体和核染色体明显受损。当精子成熟以后，精子会失去含有抗氧化酶和 DNA 修复能力的细胞浆，因此，精子对各种有害因素诱发的 DNA 损伤较敏感。

5.3.1.2　体外实验研究

（1）对精子功能的研究

在体外实验研究中，主要通过将未处理的精子或者挑选的精子暴露于射频电磁辐射中一定时间，来阐明手机射频辐射对人类精子功能的影响。Erogul 等将等分的一部分未处理的原始精子暴露于 900 MHz 射频电磁辐射中，另一部分作为假暴露组。结果发现射频电磁辐射能够引起快速和慢速向前移动的精子轻微减少，而不运动的精子百分比增加。Agarwal 等选取健康志愿者（n = 23）和不育患者（n = 9）的精液标本来评价通话模式下手机射频辐射对精液参数的影响。他们将液化后的精液标本等分为两部分；一部分暴露于通话模式下的索尼爱立信 w300i 手机辐射中 1 h。手机频率为 850 MHz，最大功率 <1W，SAR 为 1.46 W/kg。这个模型在手机后部顶端有一个环形的，无定向的天线。手机天线与每一个样本的距离为 2.5cm。第二部分样本（未照射）作为对照样本，与第一部分样本所处的条件相同。研究发现，暴露组精液中精子能动性和活力显著降低。在 Gutschi 等的研究中，发现暴露组有 68% 精子外形出现病理学形态改变，与之相比较，未接受暴露的受试者仅有 58%。De Iuliis 等将纯化的人类精子暴露于频率为 1.8 GHz，SAR 范围为 0.4 W/kg ～

27.5 W/kg 的射频电磁辐射中。结果发现，精子活力和存活率显著降低。Falzone 等将高密度的纯化精子暴露于 900 MHz GSM 手机辐射中，SAR 为 2.0 W/kg 和 5.7 W/kg，结果发现随着时间的推移，将精子暴露于 SAR 为 5.7 W/kg 的射频辐射后，运动学参数直线速度和鞭打频率显著降低。Mouradi 等模仿手机频率辐射精子，体外实验证实使用手机的男性精子浓度、运动（特别是快速向前的）活力下降，精子形态正常的比率降低，且下降程度与使用手机时间长短直接相关。Falzone 等还评价了射频电磁辐射暴露后精子受精能力。为了完成这项实验，他们收集了 12 名健康的不吸烟的志愿者的活力高的精子，将其暴露于 900 MHz，SAR 为 2.0 W/kg 的手机辐射中持续 1 h，采用活性探针（7 - 氨基放线菌素，一种荧光化学复合物）检测暴露后不同周期的精子顶体反应以此评价存活精子的顶体反应。用豌豆凝集素异硫氰酸荧光素检测顶体，通过精子的光散射性质（尺寸和粒度）选择样本，用流式细胞术分析双色荧光。通过计算机辅助的精子分析法测定精子形态，结果表明暴露组精子头部以及精子头部的顶体反应率较假暴露组显著减少。与假暴露组精子比较，暴露组精子结合透明带的能力显著降低。因此，这项研究表明虽然射频辐射不会对顶体反应率产生负面影响，但是它会显著地改变精子的形态而且会减少精子结合透明带的能力。以上结果表明了使用手机可能会对男性精子质量产生有害的影响。

（2）对氧化损伤的研究

Agarwal 等观察了手机射频辐射对人类体外精子氧化损伤的影响。结果发现暴露组活性氧（ROS）的生成增加，总抗氧化能力（TAC）降低。Chuan Liu 等将小鼠 GC - 2 精母细胞暴露于全球通手机通讯（GSM）信号中，在通话模式下，24 h 间歇暴露（5 min 开 - 10 min 关），暴露频率为 1 800 MHz，比吸收率分别为 1、2 和 4 W/kg，结果发现，ROS 显著增加，用抗氧化剂 α - 生育酚处理后可缓解 ROS 增加的现象。这些结果表明了手机射频辐射可能引起氧化损伤。

（3）对精子凋亡的研究

Falzone 等人评价有关射频辐射对人精子发生凋亡的相关性影响。实验应用密度纯化法筛选出具有高度活性的人精子，并将其暴露于 900 MHz GSM 手机辐射中，比吸收率 SAR 为 2.0 W/kg 和 5.7 W/kg，应用流式细胞仪检测 Caspase - 3 的活性、磷脂酰丝氨酸的分泌、DNA 链的断裂以及精液中活性氧的产生，结果发现手机辐射对精子的相关指标没有影响。研究提示手机辐射引起的生育能力下降有可能不是诱发的精子凋亡引起的。

（4）对生殖细胞遗传毒性的研究

Chuan Liu 等观察了 1 800 MHz GSM 手机辐射对小鼠 GC - 2 精母细胞遗传毒性的影响，发现在比吸收率为 4 W/kg 时，使用甲酰嘧啶糖基化酶（FPG）改良彗星实验检测到 DNA 迁移长度显著增加，流式细胞术分析显示 DNA 加合物 8 - 羟基鸟嘌呤水平也增加。但是，通过碱性彗星实验未检测到 DNA 链的断裂。表明射频电磁辐射的能量不足以引起 DNA 链的断裂，但可通过雄性生殖细胞 DNA 碱基的氧化损伤产生基因毒性。De Iuliis 等将纯化的人类精子暴露于频率为 1.8 GHz，SAR 范围为 0.4 ~ 27.5 W/kg 的射频电磁辐射中，结果发现，随着 SAR 的增加，线粒体中 DNA 碎片显著增加，而且 DNA 损害的生物标记（8 - 羟基 - 2' - 脱氧尿苷）以及 DNA 碎片之间具有高度相关性。

5.3.2　射频辐射对雌性生殖系统的影响

雌性生殖系统（Female Reproductive System）主要包括卵巢、输卵管、子宫等部分。卵巢是雌性生殖腺，同时又是内分泌器官，它既产生卵母细胞，又分泌雌性激素，对其子代的繁衍发挥着异常重要的作用。卵巢组织生殖细胞损伤是导致生殖周期紊乱、妊娠结局等雌性生殖功能障碍的内在原因。目前，有关射频辐射对雌性生殖系统影响的报道也都集中在对卵巢以及对子代的研究上。

5.3.2.1　对形态结构的研究

有研究表明，卵巢一定强度的射频辐射可引起卵巢组织形态结构的改变。Bouchet 等报告微波（2.45 MHz，600 W）对卵囊超微结构的影响，发现在微波持续照射 10、15 和 20 s 后，卵囊壁三层由内向外逐渐破坏，致使卵囊壁结构确认不清。卵囊内在的结构则出现线粒体肿胀，核糖体缺失，粗面内质网断裂等。尉春华等研究发现，40 mW/m^2 微波辐照对大鼠卵巢组织形态造成了严重的损伤，所致的基本病理改变为组织细胞发生不同程度的水肿、出血和炎性细胞浸润，以及发育不同程度的卵泡发生闭锁，颗粒细胞、黄体细胞和间质细胞发生变性、凋亡和坏死等。实验结果还发现，暴露 1 min 组、5 min 组可见部分卵泡内的卵母细胞出现胞质浓缩，核质浑浊，细胞变形，并偏向一侧，卵母细胞与卵泡细胞之间出现空白区，有向闭锁卵泡发展的趋势。

5.3.2.2　对子代的研究

研究表明，亲代在孕后受射频辐照后，其子代胚胎发育、存活率等均有不同程度的影响。Nawrot 等曾用 CD - 1 小鼠在孕后不同时期用 2 450 MHz 微波辐照，实验分为 3 组，第 1 组为孕后 1 – 15 d 照射，功率密度为 5 mW/cm²；第 2 组为孕后 1 – 6 d 照射，功率密度 21 mW/cm²，或 6 – 15 天照射，功率密度为 30 mW/cm²；第 3 组为对照。结果显示第 1 组无明显改变；第 2 组中功率密度为 30 mW/cm²，于孕期 1 – 6 d 照射，着床位点减少，胎鼠的体重减轻；孕期 6 – 15 d 照射，仔鼠畸形增加。Gul 等的研究中，将 82 只雌性幼崽（相当于 21 天龄的大鼠）作为研究对象。43 只怀孕大鼠在整个怀孕期间暴露于笼子的正下方的手机辐射中。首先将手机设为备用模式下保持 11 h 45 min 然后再转为语音模式保持 15 min。每 12 h 为一个循环。分娩后第 21 天，处死雌性幼崽，分离右侧卵巢评价卵泡数量。他们发现暴露组幼崽卵泡的数量较假暴露组（n = 39）低，表明射频电磁辐射对子宫内的幼崽卵巢有毒性效应。赵志刚等用频率 36.11 GHz、功率密度 7.2 mW/cm² 的毫米波，在妊娠第 6 – 15 天小鼠背部进行 2 h/d 的照射实验，在孕第 18 天处死母鼠，结果发现孕鼠的体重、脑、肝、肾、卵巢等脏器重量及脏器/体重比值、活胎数、死胎数、胎鼠的平均体重、胎盘重、身长、尾长、性别比等无明显改变；当功率密度为 10.0 mW/cm² 时，孕鼠体重、体重增加值和胎鼠体重降低，胎盘重量明显减轻，受照胎仔身长及尾长均缩短。刘文魁等用功率密度分别为 40、60、80、100 mW/cm² 的 2 450 MHz 微波全身照射妊娠第 6 天的大鼠，每次 60 min，隔日照射，共照射 6 次，于孕第 20 天处死大鼠，发现微波辐照对母鼠体重增加、胚胎早期发育、胎鼠发育水平均有影响，对胎鼠的总体畸形、神经系统和骨骼等发育有致畸作用，各剂量组的胚胎吸收率、弯尾、短尾、胎重、胎长、蛛网膜下腔扩大、骨骼等异常的发生率均明显高于假暴露组，其中 100 mW/cm² 组更明显，蛛网膜下腔扩大、异常骨骼、吸收胎和死胎发生率均有随剂量增加而增加的趋势，且胎鼠的性别有明显差异，即雄性明显高于雌性。王桂珍等报道接触高频微波（微波通讯、电视转播）的专业人员，每天接触 6 h，微波接触组女工自然流产率为 14.6%，显著高于对照组的 12.9%（p < 0.05）。妊娠并发症为 5.2%，显著高于对照组的 1.1%（p < 0.05）。死胎、死产、早产、葡萄胎及低出生体重儿的阳性率较对照组有升高趋势；异常妊娠以及流产发生率较高，接触组月经紊乱发生率高于对照组。还有其他报道也表明长时间接触高频微波可导致死胎、畸胎、流产和先天性缺陷。

但也有研究得出了相反的结果。Ogawa 等研究评价了大鼠暴露于手机辐射是否会影响胚胎发育。在妊娠第 20 天，处死所有雌性大鼠，剖宫产术取出胎儿。暴露组和假暴露组之间母鼠体重的增加没有差异。辐射后观察一些生殖和胚胎毒性相关指标，如胚胎存活数、死亡数、吸收胎数，胎盘重量、性别比、体重和存活胎儿内脏和骨骼有无畸形。结果未发现射频电磁辐射对其造成伤害。Wistar 大鼠在妊娠第 1－20 天接受功率密度 10 mW/cm² 频率为 915 MHz 的微波照射后，母鼠体重、体重增加值、器官重量、器官/体重比值及胚胎吸收率、活胎数、平均胎鼠重均无明显改变；亲代在妊娠期暴露于射频电磁场对子代的条件反射性操作能力也无明显影响。Ryan BM 等将正常雄性和雌性大鼠（F0）分别在 0.02、2.0、10.0G 的脉冲场强照射 1 周（18.5 h/d）后，交配 14 周，产生 5 窝大鼠（F1），F1 大鼠从出生到性成熟至交配期间始终在此场强辐射下，由此分娩产生 F2 代大鼠，结果发现 F0、F1、F2 代大鼠均无明显异常，胎鼠存活率、体重、外观、内脏、骨骼及脑畸形无明显差异。Ono T 等用 2.45 GHz 微波照射孕鼠 15 d（6 h/d），比吸收率（SAR）为 0.71 W/kg，未见不良妊娠结局。

此外，有研究将母亲暴露于手机射频电磁辐射中评价其胎儿和新生儿的心率和心输出量。研究对象为 90 名没有其他并发症的怀孕女性（年龄 18－33 岁）和 30 个足月健康新生儿。怀孕母亲处于手机射频辐射环境中，在怀孕期间和出生后手机处于拨号模式下 10 min。发现暴露组母亲的胎儿和新生儿心率显著增加，胎儿心输出量显著减少。为了明确手机射频电磁辐射对胎儿基础心率加快和减慢的影响，该研究对 40 名女性在没有应激的状态下进行检测。受试者手持手机分别处于待机模式和拨号模式下 5 min，在受试者身旁没有别的手机时，播放录音 10 min，研究发现射频电磁辐射并未引起胎儿基础心率的加快和减慢。

5.3.2.5　其他方面的研究

①基因损伤

Diem 等评价了间断和连续的手机射频电磁辐射对体外培养的卵巢颗粒细胞 DNA 链断裂的影响。经过 16 h 的辐照（5 min 开/10 min 关或者连续波）以及不同的手机调幅后，射频电磁场均会引起 DNA 单链和双链的断裂。

②基因表达异常

杨娟等研究发现 935 MHz 微波电磁辐射可影响子宫内膜白血病抑制因子（LIF）的 mRNA 表达，进而破坏胚泡着床，并具有一定的剂量依赖关系及累积效应。

③其他动物研究

Batellier 等通过在整个小鸡孵卵期间，每隔 3 min 呼叫一个 10 位数字来评价射频电磁辐射对小鸡孵蛋的影响。60 个孵蛋为一批暴露于手机呼叫模式的即刻环境中（暴露组），另外 60 个孵蛋为一批暴露于同样的手机关闭模式中（假暴露）。与假暴露组比较，暴露组胚胎死亡率显著增高。暴露组胚胎死亡率主要发生在孵育的 9 到 12 d 之间。Zareen 等研究不同剂量的射频电磁辐射对胚胎发育，生长以及存活的影响。将手机置于孵箱中，受精孵蛋的中心处于手机的静息模式或响铃模式。孵育 10 或 15 d 后，观察暴露组和假暴露组胚胎的存活和发育。结果显示，鸡胚胎存活率显著降低，提示射频辐射辐射暴露后胚胎发育迟缓。赵文等在研究微波对蒙古裸腹蚤存活、生长和生殖的影响时发现，2 450 MHz 的微波短时间（<25 s）处理提高了蒙古裸腹蚤的每窝产幼量及一生的产幼量，其中 10 s 微波处理组一生产幼量最高，认为微波对动物生殖有促进作用。

　　综上所述，尽管目前有关射频辐射对生殖系统影响的报道较多，但结果不尽一致。主要存在以下几方面不足：①目前有关研究主要集中在动物实验，有关结论能否应用于人群研究还存在许多不确定性；②人群研究多局限在职业人群，关于一般人群报道较少；③射频辐射对生殖系统影响的机制还没有得出统一结论；④动物实验设计和人群研究设计还不够完善，导致研究结果的重复性欠佳。基于射频辐射对生殖损伤的研究现状，今后的研究应着重考虑以下几方面：①明确接触剂量。采用标准的射频辐射测量工具，以准确检测接触水平。对于人群的接触水平，应明确辐射强度和接触时间，排除其他混杂因素的干扰，为研究微射频辐射对动物、人群生殖系统损伤的剂量－反应关系奠定基础；②统一实验过程。在研究中统一实验材料、实验手段、实验方法，尽可能使各学者研究结果具有可比性，才能得出统一的结论；③加强机制研究。射频生物学效应包括致热效应和非致热效应，其中非致热效应对生殖影响起至关重要作用，因此从微波的非致热效应进行微波生殖损伤研究可能会得出更有价值信息，将微波生殖损伤的动物研究机制应用到临床人群研究，为进一步预防和治疗射频辐射引起的病变提供科学依据。

5.4　射频辐射对其他系统的影响

5.4.1　射频辐射对免疫系统的影响

　　免疫系统是机体抵御外来病原体及有效防止肿瘤形成和生长的重要屏障，它由免疫器官和免疫细胞组成。免疫器官分为中枢免疫器官（包括胸腺和骨髓）和周围免疫器官（包括脾、淋巴结和分布在全身各处的淋巴组织）。免疫细胞可以分为 T 淋巴细胞和 B 淋巴细胞 2 类。此外，参与免疫反应的还有巨噬细胞、K 细胞（杀伤细胞）、NK 细胞（自然杀伤细胞）以及各种免疫细胞产生的多种淋巴因子。免疫系统对电磁辐射较为敏感，国内外科研工作者运用动物实验和体外实验等方法，围绕射频场的生物学效应进行研究，令人遗憾的是这些研究结果并不一致，因此无法对其健康风险作出明确的评价。目前对于射频辐射对免疫系统的影响及其作用机制的研究仍处于探索阶段。

5.4.1.1 动物实验研究

（1）对外周血的影响

崔玉芳等用 $0 \sim 30$ mW/cm^2 功率密度微波辐照小鼠，发现 129 小鼠外周血白细胞总数基本在正常值范围内波动，而 C57BL/6 小鼠白细胞在 15 和 30 mW/cm^2 微波辐照后 7 d 出现明显降低，而且经上述剂量辐照后，免疫组织淋巴细胞凋亡指数明显增高，推测淋巴细胞凋亡率升高可能是外周血白细胞减少的重要原因之一。陈忠民等采用 $0 \sim 20$ mW/cm^2 功率密度的 S 波段微波照射大鼠，结果表明 20 mW/cm^2 组在辐照后 3 天，以及所有辐照组在照射后 2 周白细胞计数和淋巴细胞数均明显低于对照组。王葆芳等模拟目前市场上常见的几款移动电话发射的电磁信号对大鼠进行辐射，辐射时间分别为 20 min/d、1、3 h/d，辐照 30 d 后发现实验组大鼠外周血 T 细胞及其亚群出现了不同程度的下降，其中 3 h/d 组最为明显（$P < 0.05$），T 细胞及 Th 细胞、Ts 细胞的含量分别降至对照组的 51%、55%、47%，免疫球蛋白的含量也出现不同程度的下降，表明移动电话射频辐射可损伤淋巴细胞及其亚群，引起免疫球蛋白含量降低，至使免疫功能下降，且其下降幅度与辐射时间呈正相关关系。

Gatta 等用 GSM 900 MHz、SAR 为 1 和 2 W/kg 的射频场辐照小鼠，2 h/d，辐照时间为 1、2、4 周，观察对小鼠脾淋巴细胞是否有影响，结果在 SAR 为 1 和 2 W/kg 时，T 细胞、B 细胞数目和 T 细胞亚群的分布与对照组没有差别；辐照 1 周后测定 γ-干扰素含量，与对照组相比明显增加，而继续延长辐照时间至 2 周和 4 周，γ-干扰素含量与对照相比却未见明显差别。研究者认为可能与免疫系统发生应激反应后适应射频辐射的刺激有关，移动电话射频辐射对 T、B 细胞不会造成持久性影响，在临床上移动电话辐射与健康也可能不存在相关性。Nasta 等同样用 900 MHz 辐照小鼠，观察对其 B 细胞的影响，研究结果与上述相似，即不支持射频辐射存在健康损伤效应。

（2）对免疫器官的影响

在对免疫器官的研究中，张文辉等在微波功率密度为 1、5、15 mW/cm^2

条件下，1 h/d，连续全身辐射 30 d 后测定小鼠的胸腺指数和脾脏指数，除 15 mW/cm² 组脾脏系数与假暴露组相比明显下降外，其余各组胸腺和脾脏指数均未见明显改变。但也有实验研究发现微波辐射虽然未引起胸腺系数的明显改变，却可使小鼠胸腺的组织形态发生改变，胸腺细胞发生凋亡，影响细胞周期进程，从而抑制小鼠的免疫功能。刘瑜等用 870 MHz 历经 3 个月采用常规 HE 染色观察小鼠脾脏形态结构的改变，结果未见明显的病理改变。Singh 等用 6.1 mW/cm² 的 915 MHz 微波辐照动物 24 h，发现可引起肺血管巨噬细胞（PIMs）内质网/胞浆比值升高，高尔基复合体轮廓突出，微管接合处分泌颗粒积聚，胞内出现球形小体（globules），说明微波能激活 PIMs 功能，使其分泌活性增强。

5.4.1.2　体外实验研究

（1）对细胞遗传毒性影响的研究

细胞遗传毒性指外来化学或物理因素造成的细胞 DNA 点突变或整段 DNA 改变，如 DNA 链断裂、染色体畸变、微核形成、染色单体交换等。目前，有关射频辐射的对免疫系统的细胞遗传毒性研究各个实验室得到的结果不尽相同，但大多数实验结果为阴性。1990 ~ 2003 年人们进行了大量有关射频辐射潜在基因毒性的研究，58% 的研究结果显示射频辐射对遗传物质没有损伤效应，23% 的研究认为射频辐射能够造成遗传物质损伤，而另外 19% 的研究未得出肯定性结论。

Maes 等人在 1995 年报道，移动通讯基站（GSM 信号）天线发射的射频场单独作用能诱导人外周血淋巴细胞染色单体交换，对丝裂霉素 c 诱导的染色单体交换也具有协同效应。但是，Maes 等在 2001 年再次用人淋巴细胞检测 900 MHz、SAR 值为 0 ~ 10 W/kg 的射频场致染色体异常和姐妹染色单体互换（SCE）效应，结果未发现有致畸作用；与丝裂霉素 C 和 X 射线共同作用于细胞，也未发现有致畸变协同作用。McMamee 等发表了系列研究成果，应用 1.9 GHz 连续波和脉冲波照射健康志愿者外周血，辐照时间分别为 2 h 和 24 h，平均 SAR 值范围 0 ~ 10 W/kg，温度控制在（37.0 ± 0.5）℃，检测 DNA 损伤效应和微核形成情况，结果与假暴露组相比细胞微核发生率、双核细胞发生率和增殖指数均无明显差异。Vijayalaxmi 等采用 150 cGy γ 射线作为阳性对照，使用 2 450 MHz 连续波连续和重复照射（30 min 照射，30 min 间歇；重复 3 次）人外周血 90 min，平均功率密度 5.0 mW/cm²，SAR 值 12.46 W/kg，发现有丝分裂指数、互换畸变、无着丝粒碎片、双核淋巴细胞和微核率无改变，而阳性对照中以上各项指标均发生明显改变．最近有研究也表明，用 900 MHz 射频电磁波辐照健康志愿者外周血白细胞 2 h，SAR 值分别为 0.3 W/kg 和 1 W/kg，温度控制在（37.0±0.1）℃，未发现 DNA 损伤、染色体结构畸变和姐妹染色单体互换增加。Mashevich 等使用 830 MHz 连续波照射人外周血淋巴细胞 72 h，SAR 值为 1.6～1.8 W/kg，温度波动为 34.5～37.5℃，发现 17 号染色体随 SAR 值的增加其非整倍体出现的频率升高。

而 Zotti – Martelli 等研究了 2.45 GHz 和 7.70 GHz 连续波，10、20、30 mW/cm^2 辐照人外周血淋巴细胞 15，30 和 60 min 后检测微核率，发现两种频率电磁波均在功率密度为 30 mW/cm^2 时，照射时间达 30 和 60 min 时微核率增加。此结果与以往 Garaj – Vrhovac 等的实验结果一致。Maes 也得出类似结果，他们将 2 450 MHz 微波作用于人外周血淋巴细胞 30 和 120 min，温度控制 36.1℃，结果显示染色体畸变（双着丝点、无着丝点碎片）和微核发生率增加。

另有学者认为，脉冲波产生的生物学效应要强于连续波。Ambrosio 等使用 1.748 GHz 连续波和调制波照射人淋巴细胞 15 min，检测 SAR 值低于 5 W/kg 的损伤效应，发现两种微波都未能改变细胞增殖动力，但 GMSK 调制波明显增加微核率，而连续波对微核率没有影响。Diem 等模拟 1 800 MHz 射频电磁波，研究了不同 SAR 值水平（1.2 W/kg 和 2 W/kg）对大鼠粒细胞的影响，辐照时间为 4、16 和 24 h，观察模式为 5 min 开/10 min 关，检测 DNA 单链和双链断裂的情况，发现辐照 16 h 后会使细胞出现 DNA 链断裂现象，而且非连续波的损伤效应强于连续波。

以上实验都采用精密辐照装置实时监测观察对象的温度，但实验结果仍不一致。因此，应该针对电磁波的各种参数（频率、脉宽、重复频率等）、暴露时间、吸收能量等多个影响因素进行全面的系统地实验设计才能发现电磁波与生物体间的相互作用规律。

（2）对细胞增殖与分化影响的研究

癌症的发生可能和细胞增殖与转化异常有关。因此，研究射频电磁场对细胞增殖和转化的影响可以给电磁辐射能否引发癌症提供相关的实验依据。

许多体外研究显示射频电磁辐射能改变人神经胶质瘤、淋巴细胞和其他一些细胞的增殖。Clearyl 研究 27 或 2 450 MHz 微波照射离体人全血 2 h 后单个核细胞的增殖情况，发现 SAR 值低于 50 W/kg 时，在任一频率无论有无植物血凝素刺激，3H – TdR 掺入量均明显增加，而 SAR 值高于 50 W/kg 时，3H – TdR 掺入量明显受抑。因此，他们认为电磁辐射对淋巴细胞的增殖具有双向作用，即小剂量促进增殖，大剂量抑制增殖。有关这种效应的机制目前还不清楚。

T 细胞在体外经植物血凝素激活后，可转化为淋巴母细胞。淋巴细胞的转化情况能够反应机体的细胞免疫水平。目前有关电磁辐射影响淋巴细胞转化的实验大部分结果为阴性，但 Czerska 等观察到 2 450 MHz 连续波和脉冲波都可以增加人淋巴细胞转化率，当 SAR 值为 12.3 W/kg 时，无论温度上升与否，脉冲波都能增加淋巴细胞转化率，且增加幅度比连续波和传统加热大。而连续波同传统加热法相同，转化率随温度上升而增加。此实验表明脉冲波在同一 SAR 值水平与连续波及传统加热作用机制不同

目前，有关射频电磁场对人外周血淋巴细胞生存影响的研究较多，但大都以阴性为主。如 Maes 等用比吸收率为 10 W/kg 的射频场辐照人外周血淋巴细胞，结果对细胞增殖没有影响，对丝裂霉素 C 抑制细胞生长也无协同效应。有学者认为，电磁波是否经过调制可影响其生物学效应的发挥，脉冲波产生的生物学效应可能要强于连续波，如 Capri 等对微波是否能改变线粒体膜电位进行了研究。他们用 GSM 900 MHz 脉冲波和连续波辐照离体外周血单个核细胞，1 h/d，连续 3 d，SAR 值为 70 ~ 76 mW/kg，发现丝裂原刺激的外周血单个核细胞辐照后跨膜磷脂酰丝氨酸分布改变的细胞数量轻度增加，但细胞周期和线粒体膜电位均未见改变，连续波作用则未见任何改变。

（3）对细胞凋亡影响的研究

有研究者通过研究射频辐射与细胞凋亡的关系反映其对机体免疫机能的影响。细胞凋亡是一种在基因控制下的细胞程序性死亡，多细胞生物通过细胞增殖和凋亡维持自身稳定，该过程的异常与很多疾病相关。Velizarov 等用 217 Hz 调制的 900 MHz（0.4 W/kg）和 872 MHz（3 W/kg）射频场辐照细胞，发现可引起部分细胞凋亡，而非调制的 900 MHz 射频场却无相似效应。也有人认为，不同调制方式的射频场辐照均不能诱导 T 淋巴细胞株 Molt - 4 凋亡。之所以出现迥异的研究结果，笔者认为可能是由于实验条件和细胞类型不同造成的。为研究电磁辐射致细胞凋亡的机制，Peinnequin 等观察 2.45 GHz，5 mW/cm^2 微波照射 Jurkat T 细胞 48 h 的细胞凋亡率，发现微波可通过 Fas 系统导致细胞凋亡，推测微波可能通过作用于 Fas 受体与 Caspase - 3 激活之间的某个环节，或作用于膜蛋白质（如 Fas 受体）而诱发细胞凋亡。

目前关于射频辐射是否能导致免疫细胞发生凋亡的实验依据尚不充分，且结果也不一致，对其作用机制仍需进一步研究。

（4）对自由基的研究

已知细胞内的氧化和抗氧化平衡系统为维持细胞正常的生理功能所必需，一旦氧化和抗氧化失衡，细胞功能将会受到影响。氧化抗氧化失衡过程中产生的活性氧自由基化学性质非常活泼，很容易与生物大分子发生反应，通过一系列过氧化链式反应使细胞结构稳定性遭到破坏，引起 DNA 突变，导致细胞凋亡或癌变。自由基在癌症发病中的作用已经比较清楚。目前还推测自由基与 70 多种疾病有关，包括心脏病、动脉粥样硬化、静脉炎、关节炎、过敏和早老性痴呆等。

自由基是许多正常细胞物质代谢过程的中间产物，比如线粒体代谢，同时也是吞噬作用的重要特征。有研究表明电离辐射和佛波酯能够引起自由基释放，进而导致基因组结构和功能的不稳定。Simko 等人认为极低频电磁场能够引起细胞内自由基增多，这可能是电磁波引起的最初的细胞事件——"自由基事件"，它可以解释许多电磁辐射效应，他们使用小鼠巨噬细胞研究发现无论是急性还是慢性电磁辐射，都可以通过增加自由基浓度引发一系列生物学效应：①短期暴露于电磁场可以直接导致巨噬细胞激活，引发吞噬效应，吞噬过程中有大量自由基释放。②电磁场能延长自由基存在时间，增加细胞内自由基浓度，同时增加了 DNA 损伤的可能性。③长期暴露于电磁场中可以导致自由基慢性积累，这对松果体褪黑激素有抑制的作用，有研究证明褪黑激素减少与乳腺癌发病有关。

许多实验结果验证了 Simko 等的研究。自由基产生于不成对的电子，它们具有很强的活性，但是寿命短暂。代谢过程中产生的成对基团有逆向自旋和平行自旋两种自旋状态，逆向自旋和平行自旋状态之间的转换频率决定于成对基团之间的精密配对程度。如果处于平行自旋状态，成对基团分离成为自由基的可能性变大。Adair 等认为射频辐射能延长成对基团处于平行自旋状态的时间。

5.4.2 射频辐射对视觉系统的影响

5.4.2.1 对晶状体的影响

晶状体是眼球中含水量最丰富的组织，易于吸收射频辐射的能量，同时由于缺乏血管，热交换很慢，被认为最易受射频辐射损伤。射频电磁场对视觉系统影响最多见的报道是晶状体损伤，主要为白内障。早期的一些研究者认为，功率密度低于 10 mW/cm^2 的射频辐射只可能引起眼部神经或中枢神经系统功能改变，不会引起视力改变及晶状体、眼底等的病理改变。但是 2002 年的一项调查结果显示，60 名微波从业人员，工龄 7 个月 −26 年，现场微波发射频率为 2 ~ 4 GHz，作业场所平均功率密度为 8.5 ~ 15 μW/cm²，每天工作 8 h，日接触剂量为每小时 68 ~ 120 μW/cm²，虽然远低于国家卫生标准规定的接触限值（平均功率 50 μW/cm²，日接触剂量不超过每小时 400 μW/cm²），但微波接触组较对照组的视力下降和晶状体混浊均明显增多。另有报道，长期接触微波强度为 5 ~ 40 μW/cm² 的工人眼晶状体混浊的检出率明显高于对照组，微波差转台工作人员中发现 2 例原因未明的白内障，工龄分别为 6 年和 18 年，虽然文中并未提及确切的暴露参数，且强调辐射强度一般都在国家规定标准以内，并有防护装置，但不能排除低强度微波所致的可能性。有关沙特阿拉伯人和土耳其人的流行病学调查结果表明，手机的使用与视觉系统疾患存在相关性，手机使用者中视力模糊、眼分泌物、炎症和流泪的发生率增多，与非使用者比较差异有统计学意义。

高强度微波致白内障已被确认，但对低强度微波则有不同看法，有人认为低于某一限值时，辐照时间再长也不会导致白内障；而另一种看法则认为，非热效应和累积效应可以引起晶状体混浊，加速老化，甚至导致白内障。国内外报道的病例多由于眼睛无意受到瞬间高功率微波照射引起。1 例从事微波工作 30 年的患者，最初 20 年接触强度 < 50 μW/cm²，后 10 年接触强度 > 3 000 ~ 5 000 μW/cm²，经手术证实患微波性白内障，该患者多年的接触强度虽然 < 10 mW/cm²，但 35 年从事同一专业，反复接触导致白内障，可见微波的累积效应不容忽视。

射频辐射造成动物视觉系统损伤，研究报道最多的也是晶状体。对于微波辐射导致晶状体损伤，多数学者认为，微波辐射致兔眼白内障形成需使 SAR 达到 150 W/kg 以上，持续时间超过 30 min，使晶状体的温度达到 41℃以上，认为损伤与晶状体温度升高有关，即主要为微波辐射的热效应所致。当时研究人员主要是利用裂隙灯等对辐射结果进行观察，未能检测到一些超微结构的改变。一次辐射引起晶状体发生白内障的阈值为 100 mW/cm²，反复多次照射，可能低于 80 mW/cm²。射频诱发眼白内障的动物模型多使用大剂量照射，其热效应机制已得到公认，晶状体后的温度是重要因素。研究者还发现，实验动物种属不同，引起晶状体损伤的部位也不同，狗多发生晶状体前皮质混浊，而兔则在晶状体后皮质出现混浊。不同辐照强度和时间，导致晶状体发生不同程度的损伤，用波长 12 cm 的高功率射频波辐射狗和兔，晶状体均发生了白内障。有趣的是，使用引起家兔白内障的同样辐照条件，对猴子的眼睛却无影响，这说明不同面部结构有不同的能量吸收率。另外，值得注意的是射频照射若在晶状体发生早期改变时停止，病理损伤过程呈现可逆性，不会形成白内障。

晶状体上皮细胞在维持晶状体正常生理状态中扮演着重要的角色，晶状体上皮细胞的细胞凋亡、蛋白表达或功能的异常被认为与诱发白内障相关。Ialoz SS 等在研究微波炉（2 450 MHz）对鼠眼组织学影响的实验中发现，受辐射后晶状体表面的上皮细胞出现轻微多形性、晶状体纤维空泡形成、核固缩，甚至无细胞区，原本单层的晶状体上皮细胞排列紊乱并形成多层上皮。Ye J 等利用双染色流式细胞技术定量检测受低强度 2 450 MHz 微波辐射后兔晶状体上皮细胞的早期改变，发现 5 mW/cm^2 辐照组多数发生了早期凋亡，10 mW/cm^2 组多数经早期凋亡发展到了细胞继发性坏死阶段。微波辐射也可引起兔晶状体上皮细胞间隙连接通讯功能的破坏，功率密度为 5 mW/cm^2 和 10 mW/cm^2 的 2 450 MHz 微波辐照后发现荧光染料的扩散减少，荧光恢复速度明显减慢，同时 5 mW/cm^2 组 Connexin43（连接蛋白 43）阳性膜的表达减少，10 mW/cm^2 组 Connexin43 阳性膜很少可见，并有细胞内聚集、胞浆和细胞核内位移现象。从中推测低强度微波通过破坏 Cnonexin43 的正常功能定位而抑制晶状体上皮细胞间隙连接通讯功能，破坏晶状体内稳态，使细胞核内钙离子浓度增高，促使晶状体上皮细胞凋亡，诱发白内障。Dovrat 等的实验观察牛的晶状体受微波辐射 2 周以上发现有非常显著的影响，1 GHz 的 mW 级辐照超过 36 h 对晶状体的光学功能有影响，辐射中断有自我恢复出现，显微镜下见其相互作用的机理完全不同于温度升高造成的白内障反应，相对于后者其显著的不同之处出现于晶状体与其周边结构的结合处附近，这被假定为晶状体周边纤维摩擦的结果。

在体外研究中，大都采用 2 450 MHz 微波辐射，细胞来源包括兔、猪及人晶状体上皮细胞。结果表明，10 mW/cm^2 的功率密度辐照细胞，即可引起细胞发生聚集，边缘模糊，部分脱落漂浮，数量减少，形态不完整以及大量坏死和凋亡；同时还表明，该强度微波引起的兔晶状体上皮细胞损伤是不可逆的。也有文献报道，高于 0.5 mW/cm^2 的低强度微波辐照可抑制兔晶状体上皮细胞（LEC）的增殖。有关细胞间通讯连接（GJIC）的研究结果表明，强度为 10 mW/cm^2 的微波抑制了家兔 LEC 的 GJIC。可见，美国电气和电子工程师协会（IEEE）标准委员会于 1991 年通过的将 10 mW/cm^2 作为微波波段的容许限值值得商榷。

5.4.2.2　对视网膜的影响

射频辐射是否可致视网膜变性一直存在争议。早在 1979 年就曾经报道 3 100 MHz 微波辐照后可致视网膜变性。1992 年，Kues 对 1.25 GHz 脉冲波（平均 SAR 为 3.6 w/kg）的研究中曾作出可致猴眼视网膜变性的结果。但 Lu ST，Mathur SP 等采取与 Kues 类似的辐射条件，发现眼底摄影和视网膜血管造影均在正常范围内，没有证据显示视网膜变性和 EGR 受抑制，否定了 Kues（1992）的结论，并认为 Kues 是应用了荧光光度测定法和氯胺酮的缘故。另有实验表明，电磁辐射可引起家兔视网膜细胞的凋亡、线粒体的肿胀，光感受器细胞的变性，膜盘组织的结构破坏等，发现家兔视网膜组织睫状神经营养因子 CNTF mRNA 的表达显著性增强，且表达量与辐射时间之间存在时效关系。

近年研究发现，射频辐射可致视网膜脂质过氧化损伤。视网膜对自由基的损害比较敏感，因为光感受器外段含大量长链不饱和脂肪酸，受到过氧化作用后形成脂质自由基，并攻击其他不饱和脂肪酸引起连锁反应。兔视网膜神经节细胞在受功率密度为 80 mW/cm^2 的 2 856 MHz 脉冲波辐照后，细胞轴突消失，线粒体及内质网肿胀，细胞内脂质过氧化产物 MDA（丙二醛）含量增高，抗氧化物酶 SOD（超氧化物歧化酶）含量降低。故推测微波通过影响氧化与抗氧化系统的平衡，降低抗氧化物酶的活性，产生过多自由基，引起视网膜细胞脂质过氧化损伤。

刘秀红等利用基因芯片技术，比较微波辐射与水浴加热两者分别作用后，人视网膜色素上皮细胞在细胞应激和凋亡相关基因转录上的差异，根据 10 mW/cm^2 强度 2 450 MHz 微波辐射 1 h 记录的升温曲线，采用水浴加热法来模拟微波辐射的热作用，两者相比，结果发现 97 条有关应激和凋亡的目的基因中，微波辐射组有 7 条基因转录上调。认为微波辐射还具有除热效应以外的其他生物学效应。

5.4.2.3　对角膜的影响

角膜位于眼球的前表面，受到辐射的几率大。Kues HA 和他的助手做了一系列关于微波对角膜等的研究，早在 1985 年得出 10 mW/cm^2 强度的 2 450 MHz 脉冲波和 20 ~ 30 mW/cm^2 强度的连续波均可致猴眼角膜内皮的损伤的实验结果。1992 年发现事先给予 0.5% 马来酸咪吗洛尔或 2% 匹鲁卡品滴眼液会增加猴眼对 2 450 MHz 微波辐射的敏感性，使致角膜内皮损伤和虹膜血管通透性增加的暴露限值降低。KueSHA 在 1999 年研究 10 mW/cm^2 强度的 60 GHz

连续波时并没有发现兔眼和猴眼角膜内皮的损伤。

5.4.2.4　影响机制

目前，普遍认为射频对眼损伤是其热效应所致，大量实验也证明，微波极易被含水量高且循环较差的组织（例如眼组织）吸收。然而，不少学者在承认微波热作用的同时，更多地强调较低强度的微波照射对分子和细胞水平的非热效应，其中提及最多的是氧自由基损伤。许多人观察到 2 450 MHz 微波照射造成不同程度的超氧化物歧化酶（SOD）降低和红细胞膜丙二醛（MDA）升高，但引起这些改变的强度阈值报道不一。有研究者认为 10 mW/cm^2 辐照 1 h 即可观察到 SOD 降低和 MDA 升高，可见，2 450 MHz 微波可引起视网膜神经细胞的脂质过氧化损伤及细胞凋亡，损伤程度随微波辐射强度而增加。微波辐射可能一方面破坏细胞内的抗氧化系统，另一方面引起细胞内脂质过氧化反应，使细胞内产生大量自由基，细胞内氧化与抗氧化失衡，导致细胞凋亡。Ozguner 等发现，900 MHz 手机发射的电磁场可引起谷胱甘肽过氧化物酶（GSH – Px）活性降低。有研究者认为这可能是微波致白内障的机制，因为 GSH – Px 通常保护晶状体细胞蛋白及膜脂质，防止其被氧化破坏。

射频电磁场还可引起某些基因的改变，Ye 等用 5 mW/cm^2 微波辐照家兔晶状体上皮细胞 3 h 后连接蛋白 43 的阳性着色下降，推测微波辐射可能通过破坏连接蛋白 43 的正常功能定位而抑制晶状体上皮细胞缝隙连接功能。另外，微波辐射还可影响细胞的生长周期，抑制晶状体上皮细胞增生。P27 蛋白可通过抑制 G1 期激酶复合物而使细胞停滞在 G0 期。有研究者发现 0.05 mW/cm^2 的低强度微波辐照通过增加 P27 激酶抑制蛋白 1 的表达而使晶状体上皮细胞停滞在 G1 期，阻止其进入 DNA 合成期，以此来抑制晶状体上皮细胞的增生。同样条件下，利用基因芯片技术，在人视网膜色素上皮细胞的基因表达谱中，检测到多个与应激和凋亡有关的基因改变。

另外，线粒体损伤被认为是毫米波辐射兔眼引起角膜上皮损伤的机制之一。由于线粒体对电磁辐射较为敏感，当一定能量的毫米波照射机体时，由于在分子水平上干扰了形成氢链的配位形式，以致呼吸链中产生隧道效应的电子传递，从而降低或干扰了氧化磷酸化过程，破坏了三羧酸循环，使 ATP 合成减少，细胞的 Na$^+$ – K$^+$ 离子泵功能失调，渗透压发生变化，而导致线粒体肿胀甚至空泡化。在一定剂量下，线粒体的这种变化是可逆的，但超过这一剂量，则会造成不可逆损伤，在溶酶体作用下，线粒体被消化分解。

此外，射频辐射还可影响细胞的生长周期，抑制晶状体上皮细胞的增殖。细胞的增殖受到一系列因子的调控，细胞周期素依赖性激酶抑制剂（CKIS）就是其中的代表之一，细胞外一些抗增殖信号就是通过这些抑制蛋白而起作用的。P27kipi 蛋白是 CKIs 家族的一员，是 G1 期负调控因子，可通过抑制 G1 期激酶复合物而使细胞停滞在 G1 期。低强度 2 450 MHz 微波辐射后可能通过上调 P27kipi 蛋白的表达而使晶状体上皮细胞停止在 G0/G1 期，阻止其进入 DNA 合成期，以此来抑制晶状体上皮细胞的增殖。

许多流行病学调查和动物实验结果表明，低强度的射频波可以引起晶状体、角膜及视网膜损伤。从体外研究来看，射频辐射存在非热效应的证据也不断增加，对其分子生物学作用机制的认识也不断加深。值得一提的是，在非热作用下，对眼组织的损伤依赖累积剂量。也有人认为非热效应是一种诱发因素，可促使一些白内障因素在微波诱发下作用加强。所以，目前认为微波对眼的损伤除热效应外，还存在非热效应。

5.4.3　射频辐射对血液系统的影响

血液系统是组成机体的系统之一，包括骨髓、胸腺、淋巴结、脾脏等器官，以及通过血液运行散布在全身的血细胞，负责血细胞的生成、调节、破坏。血液系统也是电磁辐射的敏感系统之一，流行病学调查研究结果显示，长期暴露于电磁辐射如电视塔、移动电话等存在射频电磁场的环境中，儿童患白血病的风险性增加。关于射频辐射对血液系统的研究，大多集中在外周血相关指标和造血组织骨髓等方面。

5.4.3.1　对外周血的研究

国内外有关射频辐射对生物体外周血影响的文献虽然较多，但到目前为止，还没有系统全面的报道。各国学者的研究主要包括以下三个方面：对血常规指标的影响；对血中常量元素及微量元素的影响；对血中 SOD 活性及 MDA 含量的影响。

①对血常规等相关指标的影响

有关射频辐射对血常规相关指标影响的文献较少。黄炯丽等对距离某电视塔 500 m 左右的某小学 346 名学生和距离该电视塔 12 km 的另一所小学 247 名学生，通过问卷调查小学生的基本情况和日常生活家电使用情况，现场监测 2 所小学电磁辐射强度，筛选出 593 名小学生并对其进行血常规。结果发现，与对照组相比，观察组血小板（PLT）下降，血红蛋白（HGB）、嗜酸性粒细胞百分比（EOS%）、巨大不成熟细胞（LIC）绝对数及其百分比（LIC%）升高。由此可见，电视塔射频辐射可能对小学生血液系统部分指标产生一定程度的影响。1964 年，DEICHAMNN 曾报道，大鼠经 2 450 MHz、平均功率密度为 20 mW/CM² 微波辐照 7.5 h，红细胞数、血红蛋白浓度及中性粒细胞均见升高，而淋巴细胞减少。

②对血清常量元素及微量元素的影响

有关射频辐射对血清中常量元素及微量元素影响的文献报道也较少。黄培新等用频率为 2 450 MHz，不同功率密度的微波辐照家兔，发现 50 mW/cm² 的微波连续辐照 10 d，每天 2.5 h，家兔血清中 Cu 元素的含量显著降低；而 100 mW/cm² 的微波同条件辐照，可引起兔血清中 Cu、Fe 元素含量及 Cu/Zn 比值的显著降低；继续增大功率密度至 200 mW/cm²，但缩短辐照时间为 5 d，Cu、Fe、Zn 元素含量及 Cu/Zn 比值无显著变化。说明微波对元素的影响除了与辐照强度有关外，还和辐照时间的长短有关。血清中常量元素及微量元素的变化情况可能随着辐照条件的不同而不尽相同，目前也没有见到明确的结论。

③对血清 SOD 活性及 MDA 含量的影响

Moustafa YM 等发现急性暴露于手机射频电磁辐射 1、2 和 4 h 后，志愿者的血浆脂质过氧化氢增加，红细胞 SOD 和 GSH－Px 活性下降，也提示脂质过氧化反应增强。但也并非所有的结果都证明电磁辐射可以抑制 SOD 的活性，导致自由基的增多。Stopczyk D 等研究发现，人体血小板悬液暴露于移动电话电磁场（900 MHz）1、5、7 min 后 SOD 活性下降，MDA 浓度升高，但暴露 3 min 的情况刚好相反，SOD 活性升高，MDA 浓度下降，说明 EMP 对自由基代谢的影响是比较复杂的。Irmak MK 等发现暴露于 GSM 移动电话电磁场（900 MHz）中，兔血清 SOD 活性不但未被抑制，反而增高。诸多研究的结果各不相同，甚至相悖，其原因可能是，电磁辐射对机体的效应受到辐射参数、实验对象、环境因素等各方面的影响，不同的实验条件产生了不同的实验结果，同时也提示电磁辐射生物学效应的复杂性和多样性。

5.4.3.2 对骨髓的研究

①骨髓细胞 CFU－GM 形成能力的影响

目前，国内外有关射频辐射对骨髓细胞增殖能力的研究较少，而且结果存在着矛盾和分歧。陈永斌等用 2 450 MHz、10 mW/cm² 微波对小鼠进行全身辐照（每次 60 min，每天一次，连续辐照 15 d），之后分离小鼠骨髓细胞，测定 CFU – GM 形成能力。研究发现，辐照后小鼠骨髓细胞 CFU – GM 形成能力显著增强，提示该条件的电磁辐射可能对小鼠骨髓细胞 CFU – GM 形成能力有刺激作用，这一结果同 S. Kwee 和 P. S. Laundry 报道的电磁辐射可以刺激细胞的增殖和分化的结论有相似之处。但有些研究结果却与之相反，R. Van Den Heuvel 等发现电磁辐射可引起小鼠骨髓细胞的 CFU – GM 形成能力降低。而 J. Nfziger 等将纯化的人 CD34 + 细胞离体暴露于电磁场中 5 d，未发现 CFU – GM 形成能力的显著变化。B. M. Reipert 和 M. Fiorani 的研究结果也显示，电磁辐射对细胞的 CFU – GM 形成能力没有影响。到目前为止，电磁辐射对骨髓细胞 CFU – GM 形成能力的效应还很不确定，不同条件的辐射可能产生不同的甚至相反的结果。

②对骨髓细胞细胞周期的影响

陈永斌等用 2 450 MHz、10 mW/cm^2 微波对小鼠进行全身辐照（每次 60 min，每天一次，连续辐照 15 d），之后分离小鼠骨髓细胞，检测细胞周期的分布，发现 G1 期细胞显著减少，S 期细胞显著增多；但也有阴性的报道，J. Nfziger 等将纯化的人 CD34 + 细胞离体暴露于电磁场中 5 d，未发现细胞周期的显著变化。可见，电磁辐射对骨髓细胞周期的影响也是随辐照条件的变化而变化的。

5.4.4　射频辐射对内分泌系统的影响

内分泌系统作为机体重要的系统之一，通过对机体新陈代谢、生长、发育和生殖的调节，起着维持机体内环境稳定的作用。

内分泌系统是人体内神经系统以外的另一个重要的机能调节系统。内分泌系统与神经系统密切配合，共同调节机体的新陈代谢、生长发育和对环境的适应。人体内分泌腺体包括垂体、甲状腺、甲状旁腺、胸腺、肾上腺、松果体等，还包括一些分散在其他器官组织中的散在的内分泌细胞团块。此外，在中枢神经系统内，特别是在下丘脑内一些神经元既是神经细胞又是内分泌细胞，它既可以传导神经冲动，又可以合成和分泌激素。根据神经分泌细胞的大小，分为神经内分泌大细胞和神经内分泌小细胞。神经内分泌大细胞合成和分泌加压素和催产素；神经内分泌小细胞合成和分泌 7 种调节垂体前叶激素分泌的激素，他们分别是促甲状腺激素释放激素（TRH）、促性腺激素释放激素（GnRH）、促肾上腺皮质激素释放激素（CRH）、生长素释放激素（GHRH）、生长素释放抑制激素（GHRIH）、催乳素释放因子（PRF）、催乳素释放抑制因子（PIF）。它们通过垂体门脉系输送到垂体前叶，对垂体前叶分泌的 6 种激素起促进和抑制作用。

关于射频辐射对神经内分泌功能的影响，研究较多的是反映松果体分泌功能的褪黑激素，但结果很不一致。如 Hata K 等通过动物实验未发现微波辐射对褪黑激素分泌有影响，也有实验证明 900 MHz 和 1 800 MHz 手机电磁辐射不会影响褪黑素水平，但有些阳性结果，如 Jarupat S 等用 1 906 MHz 射频对志愿者进行照射，30 min/d 持续 2 d，受照者人群唾液中褪黑激素水平显著低于未照射组人群；又如 Wood A 等让 55 位成年志愿者暴露于 900 MHz 的 GSM 信号手机辐射，暴露者睡前尿中褪黑激素代谢产物 aMT6s 浓度大大低于未照射组（降低约 27%）。

对于下丘脑 - 垂体 - 甲状腺轴的研究，Koyu A 等用 900 MHz 连续波辐射 SD 大鼠，每天 30 min，每周 5 d，连续 4 周，脑部最大 SAR 为 2 W/kg，结果发现血清中褪黑激素没有变化，但促甲状腺激素（TSH）、甲状腺素 T3、T4 均下降。Mann K 等对下丘脑 - 垂体系统及下丘脑 - 垂体 - 肾上腺轴进行了研究，他们用 900 MHz 微波辐射对 22 名志愿者连续照射 8 h，受照者血中生长激素（GH）、促黄体生产激素（LH）和褪黑激素无明显变化，但血清中皮质（甾）醇水平升高，说明微波辐射对垂体肾上腺轴有短暂的激活作用。Djeri-dane Y 等研究手机辐射对人体垂体激素（促甲状腺激素、生长激素、催乳素和促肾上腺皮质激素）和类固醇类激素（皮质醇、睾酮）的影响，20 名健康男性志愿者使用手机 2 h/d，每周 5 d，共 4 周，发现其平均血清中生长激素水平下降了 28%，皮质醇下降了 12%，而其他激素未受影响。这些功能改变的机制可能涉及神经递质异常、基因表达异常、细胞膜的导电性变化等。Ab-hold RH 等用频率 2 450 MHz 微波辐照大鼠，研究发现：用功率密度为 2 mW/cm² 微波辐照大鼠，大鼠血浆皮质醇（CORT）无变化；功率密度为 1、10 mW/cm² 微波辐射则显著抑制大鼠皮质醇分泌；50 mW/cm² 微波辐照刺激了大鼠肾上腺激素的分泌。另外，Novitskii 等指出，经 2 600 MHz 的不同功率密度的电磁脉冲辐射后，机体肾上腺的改变表现为一种由适应到失代偿的过程：0.01 ~ 1 mW/cm² 辐射时机体出现适应表现，10 ~ 75 mW/cm² 时则表现为病理反应。Lu 等用功率密度 10 mW/cm²、频率 2 450 MHz 的微波辐照大鼠 1 ~ 2 h，同时，用功率密度 20 mW/cm² 的微波辐照大鼠 2 ~ 8 h，结果发现大鼠血清 TSH、T4 含量降低。Saddiki - Traki F 等也发现相同的现象，他们用功率密度为 8 mW/cm²、频率 2 450 MHz 的微波辐照大鼠，每天 8 h，连续 20 天，发现照后 20 d 内大鼠血清 T4 含量降低，同时 TSH 含量显著降低。Lenko 等用功率密度为 50 ~ 60 mW/cm² 微波辐照兔子，每天 4 h，连续辐照 20 d，结果表现为：辐照后 10 d 内兔子尿 17 – 羟类固醇减少，17 – 羟皮质酮未见变化；辐照后 10 d，转为正常水平，作者认为，这是兔子机体对微波反复暴露适应的结果。他们又用功率密度为 10 mW/cm² 微波分别辐照兔子 15、30、60 min，结果兔子的肾上腺和血清中类固醇含量亦未见改变。Leites 等进行了微波辐照引起动物肾上腺组织化学方面变化的实验研究。他们用功率密度为 100 mW/cm²、频率 2 450 MHz 微波每天辐照大鼠 10 min，连续辐照 10 d，结果发现，开始照射后，大鼠肾上腺组织苏丹 Ⅲ 阳性脂类物质、双折射物质和维生素 C 的含量逐渐减少。当停止照射后，这些物质可逐渐回升，直到两周后转为正常。Lotz 等用 70 mW/cm² 与 50 mW/cm² 的微波辐射大鼠探讨皮质酮反应机制，通过垂体切除术与地塞米松抑制实验证明，皮质酮升高是系统性、整合性的结果，即下丘脑 – 垂体轴参与的结果。

第 6 章　环境射频辐射防护策略

6.1　物理防护

环境射频辐射的防护策略有两点：一是由于工作需要不能远离发射源的，应采取屏蔽防护办法；二是尽量增大人体与辐射源的距离。因为电磁辐射对人体的影响与辐射功率大小和辐射源的距离紧密相关。

移动通信是通过基站的固定天线发射无线电波。无线电波就是电磁场，但与具有电离作用的 X 射线和 γ 射线不同，无线电波不会打断化学键，因此不会对人体造成电离辐射伤害。

6.1.1　接触水平

移动电话使用时与头部为非接触式，但听筒与头部距离较近，约 1 ~ 2 cm。移动电话属于低功率射频发射器，运行频率为 450 MHz 至 2 700 MHz，峰值功率为 0.1 W 至 2 W。手机只有在拨打后才传输功率。当使用者与手机距离增加时，用户射频辐射接触量迅速衰减。

除通话时使用"免提"装置，将移动电话与头部和身体保持一定距离外，限制通话次数和时间，也会减少射频辐射接触量。在接收信号好的地点使用电话，同样也能减少射频辐射接触量，这是因为在信号良好的状态下，电话传输功率会减少。使用商业装置来降低电磁场接触量，其有效性并无证据，更多的时候，是商业装置推销的噱头。

其次，移动射频辐射对人体健康影响的研究结果还存在争议。但是，移动通信辐射对电子装置有影响是比较明确的，如干扰某些电子医疗装置和导航系统，因此在医院里和飞机上通常禁止使用移动电话。

6.1.2　应对措施

世界卫生组织于 1996 年设立了国际电磁场项目，对有关电磁场可能产生的不良健康后果的科学证据进行评估。此外，国际癌症研究机构在 2011 年 5

月提交了移动电话射频辐射致癌可能性的研究报告。

世界卫生组织还通过其他研究议程，促进射频电磁辐射的生物学效应研究，编制公共信息材料，及促进政府、产业和公众之间开展对话，以提高公众对与移动电话有关的健康风险的认识。

目前，两个国际机构已制订出适用于职业人员和公众的"接触"指南，正在接受医疗诊断或治疗的患者除外。该指南是在对现有科学证据进行科学评估的基础上制定并实施的。

6.1.3 国际标准中电磁辐射公众暴露限值

公众暴露导出限值是通过利用对应整个频率范围的不同系数，借助职业暴露剂量得出来的。这些系数是以具体频率影响或与不同频率范围的影响为基础进行选择的。一般来说，这些系数遵循对应整个频率范围的基本限值，而且它们的值对应基本限值和下面所述的导出限值之间的数学关系。

（1）在 1 kHz 以内的频率范围内，公众暴露导出限值是职业暴露的一半。

（2）10 kV/m（50 Hz）或 8.3 kV/m（60 Hz）的职业暴露值包括足够的安全系数，以防止在可能情况下，接触电流导致的刺激效应。公众暴露导出限值是职业暴露值的一半，即：5 kV/m（50 Hz）或 4.2 kV/m（60 Hz），以防止超过 90% 的暴露个体出现间接不良效应；

（3）在低于 100 kHz 的低频范围内，磁场的公众暴露导出限值应比职业暴露安全系数低 5 倍；

（4）在 100 kHz – 10 MHz 的频率范围内，与 1988 年 IRPA 导则规定的限值相比，磁场公众暴露导出限值已经增加。在该导则里，磁场强度导出限值是利用远场关于 E 和 H 公式借助电场强度导出限值进行计算的。导出限值具保护性，因为频率低于 10 MHz 的磁场不会造成电击、灼伤或表面电荷影响；

（5）在 10 MHz – 10 GHz 的高频率范围内，电场和磁场的公共导出限值比职业暴露剂量低 2.2 倍。2.2 倍数对应 5 的平方根，这是职业暴露和公众暴露之间的安全系数。平方根是用来将"场强"和"功率密度"联系起来；

（6）在 10 GHz – 300 GHz 的高频率范围内，同基本限值一样，公共导出限值通过功率密度进行确定，并且比职业导出限值低 5 倍。

6.1.4 脉冲电磁辐射暴露限值的确定

尽管生物效应和脉冲电磁场峰峰值关系的相关信息较少，但建议对于超过 10 MHz 的频率，以脉冲宽度取平均值不能超过导出限值的 1 000 倍，或场强不能超过场强导出限值的 32 倍。对于 0.3 GHz 到几 GHz 之间的频率段，在头部局部照射的情况下，为了限制或避免由于热膨胀导致的听力效应，脉冲吸收必须进行限制。该频率范围内，对于 30 ms 脉冲，可产生效应的阈限 SAR 为 4 – 16 mJ/kg，对应于大脑的 130 – 520 W/kg 峰值 SAR 值。在 100 kHz – 10 MHz 的频率范围内，场强峰值是通过在 1.5 倍 100 kHz 峰值和 32 倍 10 MHz 峰值之间采取内插值法获得的。

职业导出限值和公共导出限值曲线的频率转折点不同。这是利用不同系数获取公共导出限值的结果，同时使职业和公众暴露的频率相关性相同。

6.1.5　电磁辐射防护

6.1.5.1　屏蔽防护

电磁辐射防护服装对电磁辐射起到屏蔽作用，可减轻其对人体的伤害，是电磁辐射作业场所的主要防护装备。电磁辐射防护服装按原理主要分为两种：导电型和导磁型。导电型防护服在受到外界磁场作用时，产生感应电流，感应电流又产生与外界磁场方向相反的磁场，抵消外界磁场达到防护作用；导磁型防护服则通过磁滞损耗和铁磁共振损耗大量吸收电磁波的能量，并将其转化为其他形式的能量，达到对电磁辐射的衰减效果。根据屏蔽服装材料，又可以将市面上主要防护服装分为 4 类：（1）碳纤维、不锈钢纤维等与纺织纤维制成的混纺材料：优点为手感柔软，透气性好。缺点为制成的防辐射织物屏蔽效率较低，一般为 15 ~ 30 dB 左右，且不同频段差异很大，限制了其使用范围，目前正在逐步被取代；（2）多离子织物：通过一定物理过程（真空喷洒法、真空镀法）或化学反应（如电解法）制成。优点：屏蔽效率高，使用频段宽，性能稳定，并且兼具混纺织物柔软、透气的特点；（3）电磁辐射防护纤维制成的织物：主要包括本征型导电聚合纤维及复合型高分子导电纤维；（4）涂层防辐射织物：使用掺入金属氧化物或金属粉末、高分子成膜剂制成的涂层制剂，使织物获得电磁辐射防护能力。

6.1.5.2　眼镜防护

现实日常生活中，使用手机不可避免。在无法避免接触手机辐射的情况下，选择一种具有特殊吸波性能的眼镜镜片材料，及非金属镜框可起到对眼睛进行有效保护，而金属镜框在接打电话可起到天线的作用，应尽量避免使用。抗辐射镜片按其作用原理可以分为吸收型抗辐射镜片和干涉型抗辐射镜片。吸收型抗辐射镜片是利用材料吸收入射的电磁波，并将电磁能转变成热能。干涉型抗辐射镜片是利用电磁波在传播过程中到达各膜层分界面以及膜层和镜片基体分界面上会发生反射、吸收和透射三种光学作用以此改变电磁波传播方向或者使电磁波产生干涉作用而相互抵消。

6.1.5.3　存在问题

早期的电磁辐射防护服装受工艺限制，存在沉重、穿着舒适性差、成本高等问题，因此仅在极少数作业场所使用。随着科技的发展，防护服装的舒适性及便利性增强，应用范围也不断扩大。关于电磁辐射防护的相关标准及防护装备还存在以下问题：（1）电磁辐射限值标准制定的理论依据为致热效应，不能完全体现电磁辐射对人体的影响；限值标准评价方式不统一，影响其有效实施及作业场所电磁辐射的有效评估。（2）我国现行的电磁辐射防护装备国家标准为 GB 6568.1《带电作业用屏蔽服装》，主要针对高压电气设备作业者，针对微波辐射的防护标准 GB/T 23463《防护服装微波辐射防护服》为 2009 年制定，对其他频段电磁辐射的防护还有待加强。（3）民用电磁辐射防护装备的应用研究尚不规范，存在标准缺失，缺乏监管，产品夸大宣传等情况。

6.2　合理膳食

物理防护只是电磁辐射防护措施之一，在大多数情况下，饮食与营养是最便捷的选择，由于电磁辐射生物学效应机制与氧化损伤有关，因此，抗氧化的食品是首要选择。

6.2.1　具有抗氧化作用的食物成分

（1）生物类黄酮

生物类黄酮能够有效清除体内的自由基及毒素，预防疾病的发生。生物类黄酮与维生素 C 有协同效应。

（2）维生素 E

维生素 E 是细胞膜内重要的抗氧化物和膜稳定剂，在维持肌肉组织的正常功能中发挥重要作用。推荐每天补充维生素 E 的剂量为：400～800 国际单位。

（3）维生素 C

维生素 C 缺乏可大大降低耐力运动能力。补充维生素 C 可明显降低运动诱导的氧化应激。补充维生素 C 的安全剂量是 0.5 ~ 3.0 g/d。推荐每天补充维生素 C 的剂量为 0.5 ~ 2.0 g。

（4）硒

硒是机体抗氧化系统组成成分谷胱甘肽过氧化物酶的必需成分，适当补硒可提高谷胱甘肽过氧化物酶活力，从而提高机体的抗氧化能力。建议的补硒剂量为每天 100 ~ 250 μg。

（5）胡萝卜素类

β - 胡萝卜素是维生素 A 的前体，具有清除自由基的功能，所以 β - 胡萝卜素对运动时的氧化应激有保护作用。推荐的 β - 胡萝卜素补充量是每天 25 000 – 100 000 国际单位。

番茄红素如同 β - 胡萝卜素，属胡萝卜素类物质，在大多数水果和蔬菜中可以找到，是一种天然的生物色素。由于它具有独特的化学结构，所以可以消除自由基。

天然虾青素是一种抗氧化剂。虾青素（astaxanthin 在港台地区又称为虾红素）是一种红色素，其化学结构类似于 β - 胡萝卜素 。

（6）氧蒽酮

也称为"呫吨酮"，是一种有机化合物，其分子式为 $C_{13}H_8O_2$。氧蒽酮拥有强大的抗氧化能力。

（7）辅酶 Q10

辅酶 Q 是细胞使用氧的必需成分，因为它是物质氧化产生能量过程中的氧化磷酸化呼吸链的电子传递体，辅酶 Q10 可减少人心脏和肌肉自由基生成。

（8）SOD

SOD 中文名称为超氧化物歧化酶，是生物体内重要的抗氧化酶，广泛分布于各种生物体内，如动物、植物、微生物等。SOD 是生物体内清除自由基的重要物质。

（9）茶多酚

茶多酚具有抗氧化作用，并且可抑制维生素 C 的消耗。

（10）葡萄籽提取液

葡萄籽提取液，又称红酒多酚，它有抗氧化功效。

6.2.2　抗氧化食品

在日常生活中含有上述抗氧化成分的食物非常广泛。如十字花科蔬菜油菜、青菜、芥菜、卷心菜、萝卜等都具有抗辐射功能。黑芝麻可增强机体细胞免疫、体液免疫功能，能有效保护人体健康；紫苋菜能抗辐射、抗突变、抗氧化；绿茶中的茶多酚是抗辐射物质，可减轻各种辐射对人体的不良影响，茶叶中还含有脂多糖，能改善机体造血功能，升高血小板和白血球等。

新鲜的水果、蔬菜富含大量的维生素 A、B 族、C、E，这些富含维生素的食物都能减轻电磁辐射对人体产生的影响。动物肝脏是维生素 A 丰富的来源。真菌类食物诸如金针菇、香菇、猴头菇、黑木耳也可通过增强机体免疫力起到抗电磁辐射作用。通过这些饮食措施，可在一定程度上增强人体对电磁辐射的抵抗能力。

除抗氧化食物外，还应注意微量元素的摄入。已经证明，微量元素硒具有抗氧化的作用，含硒丰富的食物首推芝麻、麦芽和中药材黄芪，其次是酵母、蛋类、啤酒，海产类有大红虾、龙虾，再次是动物的肝、肾等肉类，水果和大多数蔬菜含硒较少，但大蒜、蘑菇中硒的含量较多。

此外，注意加强场所的屏蔽防护和电磁污染监测，增强自我防护和保健意识，注意各种营养素的摄入和补充。加强体育锻炼，增强机体抵抗力。

6.3 手机使用注意事项及建议

6.3.1 正确使用手机

（1）手机通话的时机最好选择在手机响过一两秒后。因为手机刚接通时辐射强度最大。

（2）使用手机时应取下金属架眼镜。据报道，金属眼镜框可导致手机辐射增强。

（3）手机信号只有一格时不要使用手机，因为此时手机的辐射强度较大。

（4）避免在车上使用手机。因为车厢是金属外壳，手机电磁波可在车内来回反射。

（5）手机不要放在枕边，以免头部受到长时间的手机辐射。

（6）手机不要挂在胸前。研究表明，手机挂在胸前，会对心脏和内分泌系统产生一定影响。

（7）不要把手机挂在腰部。有研究表明，手机辐射可能会对生殖系统产生影响。

（8）配备手机专用耳机，尽量远距离使用手机。

（9）手机不用时尽量关机。手机只要接通电源就会发出电磁辐射，只是

通话时的辐射量高于待机时的辐射量

（10）充电时不要接听电话。

6.3.2　特殊人群

因个人体质和身体健康状况彼此有差异，对下列特殊人群，应尽量避免使用手机。

（1）癫痫病患者。手机使用时会在大脑周围产生电磁波，其强度是空间电磁波的 4 至 6 倍，少数劣质手机可能更高，有诱发癫痫病的可能。

（2）心脏病患者。实验证明，手机辐射可导致心电图发生异常。装有心脏起搏器的患者需慎用手机。

（3）严重神经衰弱者。长期使用手机，有可能加重失眠、健忘、多梦、头晕、头痛、易怒等神经衰弱症状。

（4）白内障患者。手机辐射可能使眼球晶状体温度上升，加重白内障患者病情。

（5）甲亢及糖尿病患者。手机释放的电磁波可能会导致内分泌功能紊乱，加重甲亢、糖尿病等内分泌不调性疾病的病情。

（6）孕妇及母乳喂养者。妊娠早期是胚胎组织分化、发育的重要时期，此时的胎儿最易受内部、外部环境的影响。

（7）儿童、青少年和 60 岁以上老人。手机辐射可能影响少儿大脑发育，妨碍老年人大脑功能的正常发挥。

6.3.3　其他注意事项

建议避免在以下几种场合或者状态下接听或者拨打电话：

（1）狭窄的角落。很多人为了避免通话被别人听见，通常会找一个狭小的角落或者写字楼的楼梯间接听或拨打电话。而一般情况下，建筑物角落和楼梯间的信号覆盖比较差，因此，在一定程度上会使得手机的辐射功率增大。

（2）东晃西走，频繁移动。一些人喜欢在打手机时不自觉地踱步、频繁走动，却不知频繁移动位置会造成接收信号的强弱起伏，从而引发不必要的短时间高功率发射。

（3）在行驶的车上。在行驶的车上打手机，手机有可能会为了避免过于频繁的区域切换，而选择覆盖范围更广的大功率基站提供服务，其发射功率则会因传输距离的增加而提高。

（4）手机信号变弱。很多人在手机信号变弱时，会不自觉地将手机贴近自己的耳朵，其实这个时候我们选择挂断电话才是最正确的做法。

由于手机辐射具有积累效应，因此应尽量减少手机使用时间，以及每天使用手机的次数，改变不良的手机使用习惯，尽量减少手机辐射对健康的影响。

参 考 文 献

［1］ 李绪熙，牛中奇. 生物电磁学概论［M］. 西安：西安电子科技大学出版社，1990.

［2］ 刘亚宁. 生物电磁效应［M］. 北京：北京邮电大学出版社，2002.

［3］ 宋涛，霍小林，吴石赠. 生物电磁特性及其应用［M］. 北京：北京工业大学，2008.

［4］ 庞小峰. 生物电磁学［M］. 北京：国防工业出版社，2008.

［5］ 钟力生，李盛涛，徐传骧等. 工程电介质物理与介电现象［M］. 西安：西安交通大学出版社，2013.

［6］ 方俊鑫，殷之文. 电介质物理学［M］. 北京：科学出版社，2000.

［7］ Chaplin M. Water structure and science. http：//www. lsbu. ac. uk/water/index2. html.

［8］ 姚学玲，陈景亮，徐传骧. 脉冲电流电磁场对生物膜的非热效应分析［J］. 电工电能新技术. 2003，22（2）：77－80.

［9］ 吴石增. 电磁波的生物效应与人体健康［J］. 中南民族大学学报（自然科学版）2010，29（1）：57－61.

［10］ Foster KR. Electromagnetic field effects and mechanisms［J］. IEEE Engineering in medicine and biology. 1996，8（3）：50－56.

［11］ Redmayne M，Smith E. and Abramson MJ. The relationship between adolescents′well－being and their wireless phone use：a cross－sectional study. Environ Health. 2013，12：90. doi：10. 1186/1476－069x－12－9.

［12］ Feychting，M. Mobile phones，radiofrequency fields and health effects in children———epidemiological studies. Prog Biophys Mol Biol. 2011，107：343－348.

［13］ Hardell L，Carlberg M. Mobile phones，cordless phones and the risk for brain tumours. Int J Oncol. 2009，35：5－17.

［14］ Hardell L，Carlberg M，Hansson MK. Pooled analysis of case－control studies on malignant brain tumours and the use of mobile and cordless phones including living and deceased subjects. Int J Oncol. 2011，38：1465－74.

［15］ INTERPHONE Study Group. Brain tumour risk in relation to mobile telephone use：results of the INTERPHONE international case－control study. Int J Epidemiol. 2010，39：675－94.

［23］ Little MP，Rajaraman P，Curtis R. E，et al. Mobile phone use and glioma risk：comparison of epidemiological study results with incidence trends in the United States. BMJ. 2012，344：e1147.

［24］ Inskip PD，Tarone RE，Hatch EE，et al. Cellular－telephone use and brain tumors. N Engl J Med. 2001，344：79－86.

［25］ Cardis E，Armstrong BK，Bowman JD，et al. Risk of brain tumours in relation to estimated RF dose from mobile phones：results from five Interphone countries. Occup Environ Med. 2011, 68: 631 – 640.

[26] Ahlbom A, Feychting M, Green A, et al. Epidemiologic evidence on mobile phones and tumor risk: a review. Epidemiology. 2009, 20: 639 – 652.

[27] Khurana VG, Teo C, Kundi M, et al. Cell phones and brain tumors: a review including the long – term epidemiologic data. Surg Neurol. 2009, 72: 205 – 214, 214 – 215.

[28] Cromie JE, Robertson V J, Best M O. Occupational Health in Physiotherapy: General Health and Reproductive Outcomes. Aust J Physiother, 2002, 48: 287 – 294.

[29] Kilgallon SJ, Simmons LW. Image Content Influences Men's Semen Quality. Biol Lett. 2005, 1: 253 – 255.

[30] Heins E, Seitz C, Schüz J, Toschke AM, Harth K, Letzel S, Böhler E: Bedtime, television and computer habits of primary school children in Germany. Gesundheitswesen 2007, 69 (3): 151 – 157.

[31] Grigoriev Y. Mobile communications and health of population: the risk assessment, social and ethical problems. Environmentalist. 2012, 32: 193 – 200.

[32] Heinrich S, Thomas S, Heumann C, von Kries R, Radon K. The impact of exposure to radio frequency electromagnetic fields on chronic wellbeing in young people: A cross – sectional study based on personal dosimetry. Envrion Int . 2011, 37 (1): 26 – 30.

[33] Vangelova K, Deyanov C, Israel M. Cardiovascular Risk in Operators under Radiofrequeney Electromagnetic Radiation. Int J Hyg Environ. Health. 2006, 209: 133 – 138.

[34] Huber R, Sehuderer J, Graf T, et al. Radio Frequency Electromagnetic Field Exposure in Humans: Estimation of SAR Distribution in the Brain, Effects on Sleep and Heart Rate. Bioelectromagneties. 2003, 24: 262 – 276.

[35] Breckenkamp J, Berg G, Blettner M. Biological Effects on Human Health Due to Radio-frequeney Microwave Exposure; A Synopsis of Cohort Studies. Radiat Environ Biophys. 2003, 42: 141 – 154.

[36] Boscol P, Di SciascioM B, D Ostilio S, et al. Effects of Electromagnetic Fields Produced by Radio Television Broadcasting Stations on the Immune System of Women. Sci. Total Environ, 2001, 273 (1 – 3): 1 – 10.

[37] Hintzsche H. and Stopper H. Micronucleus frequency in buccal mucosa cells of mobile phone users. Toxicol Lett. 2010, 193 (1): p. 124 – 30.

[38] Aldad TS, Gan G, Gao XB, Taylor HS. Fetal radiofrequency radiation exposure from 800 – 1900 MHz – rated cellular telephones affects neurodevelopment and behavior in mice. Sci Rep. 2012, 2: 312. doi: 10. 1038/srepoo312. Epub 2012 Mar 15.

[39] Bouji M, Lecomte A, Hode Y, de Seze R, Villégier AS. Effects of 900 MHz radiofre-quency on corticosterone, emotional memory and neuroinflammation in middle – aged rats. Exp Gerontol. 2012, 47 (6): 444 – 51.

[40] Croft RJ, Leung S, McKenzie RJ, Loughran SP, Iskra S, Hamblin DL, et al. Effects of 2G and 3G mobile phones on human alpha rhythms: resting EEG in adolescents, young adults, and the elderly. Bioelectromagnetics 2010; 31: 434 –44.

[41] Dogan M, Turtay MG, Oguzturk H, Samdanci E, Turkoz Y, Tasdemir S, Alkan A, Bakir S. Effects of electromagnetic radiation produced by 3G mobile phones on rat brains: magnetic resonance spectroscopy, biochemical and histopathological evaluation. Hum Exp Toxicol. 2012 Jun; 31 (6): 557 –64.

[42] Hirose H, Sasaki A, Ishii N, Sekijima M, Iyama T, Nojima T, Ugawa Y. 1950 MHz IMT –2000 field does not activate microglial cells in vitro. Bioelectromagnetics. 2010; 31: 104 –112

[43] Kesari KK, Behari J, Kumar S. Mutagenic response of 2. 45 GHz radiation exposure on rat brain. Int J Radiat Biol. 2010; 86 (4): 334 –43.

[44] Kesari KK, Kumar S, Behari J. 900 –MHz microwave radiation promotes oxidation in rat brain. Electromagn Biol Med. 2011, 30 (4): 219 –34.

[45] Kwon MS, Hamalainen H. Effects of mobile phone electromagnetic fields: critical evaluation of behavioral and neurophysiological studies. Bioelectromagnetics. 2011, 32: 253 –72.

[46] Loughran SP, Benz DC, Schmid MR, Murbach M, Kuster N, Achermann P. No increased sensitivity in brain activity of adolescents exposed to mobile phone –like emissions. Clin Neurophysiol. 2013, 124 (7): 1303 –8.

[47] Loughran SP, McKenzie RJ, Jackson M, Howard ME, Croft RJ. Individual differences in the effects of mobile phone exposure on human sleep: rethinking the problem. Bioelectromagnetics. 2012; 33: 86 –93.

[48] Regel SJ, Achermann P. Cognitive performance measures in bioelectromagnetic research – critical evaluation and recommendations. Environ Health. 2011; 10: 10. doi: 10/1186/1476 –069X –10 –10.

[49] Segalowitz SJ, Santesso DL, Jetha MK. Electrophysiological changes during adolescence: a review. Brain Cogn. 2010; 72: 86 –100.

[50] Sirav B, Seyhan N. Effects of radiofrequency radiation exposure on blood –brain barrier permeability in male and female rats. Electromagn Biol Med. 2011, 30 (4): 253 –60.

[51] Sonmez OF, Odaci E, Bas O, Kaplan S. Purkinje cell number decreases in the adult female rat cerebellum following exposure to 900 MHz electromagnetic field. Brain Res. 2010, 1356: 95 –101

[52] Stam R. Electromagnetic fields and the blood –brain barrier. Brain Res Rev. 2010, 65 (1): 80 –97.

[53] Valentini E, Ferrara M, Presaghi F, De Gennaro L, Curcio G. Systematic review and

meta – analysis of psychomotor effects of mobile phone electromagnetic fields. Occup Environ Med 2010; 67: 708 – 16.

[54]　Volkow ND, Tomasi D, Wang GJ, Vaska P, Fowler JS, Telang F, Alexoff D, Logan J, Wong C. Effects of Cell Phone Radiofrequency Signal Exposure on Brain Glucose Metabolism. JAMA. 2011, 305 (8): 808 – 814

[55]　Watilliaux A, Edeline JM, Lévêque P, Jay TM, Mallat M. Effect of exposure to 1800 MHz electromagnetic fields on heat shock proteins and glial cells in the brain of developing rats. Neurotox Res. 2011, 20 (2): 109 – 19.

[56]　Xu S, Zhong M, Zhang L, Zhou Z, Zhang W, Wang Y, Wang X, Li M, Chen Y, Chen C, He M, Zhang G, Yu Z. Exposure to 1800 MHz radiofrequency radiation induces oxidative damage to mitochondrial DNA in primary cultured neurons. Brain Res. 2010, 1311: 189 – 196

[57]　Zaher O. Merhi. Challenging cell phone impact on reproduction: A Review. J Assist Reprod Genet. 2012, 29: 293 – 297

[58]　Ashok Agarwal, Nisarg R. Desai, Kartikeya Makker, Alex Varghese, Rand Mouradi, Edmund Sabanegh, and Rakesh Sharma, Effects of radiofrequency electromagnetic waves (RF – EMW) from cellular phones on human ejaculated semen: an in vitro pilot study, Fertility and Sterility. 2009, 92 (4): 1318 – 1325

[59]　Chuan Liu, Weixia Duan, Shangcheng Xu, Chunhai Chen, Mindi He, Lei Zhang, Zhengping Yu, Zhou Zhou. Exposure to 1800 MHz radiofrequency electromagnetic radiation induces oxidative DNA base damage in a mouse spermatocyte – derived cell line. Toxicology Letters. 2013, 218 2 – 9

[60]　James R. Jauchem, Effects of low – level radio – frequency (3 kHz to 300 GHz) energy on human cardiovascular, reproductive, immune, and other systems: A review of the recent literature. Int J Hyg Environ Health. 2008, 211: 1 – 29.